創意與創新

工程技術領域

林保超　著

全華圖書股份有限公司

序言

中國人歷來生存在世界上屬聰明的民族之一，尤其在台灣居住的國民，更是具有與生活環境搏鬥奮戰不懈精神與勤苦勞動簡約生活的族群個性，以及聰明靈動隨環境變化而改變生存方式的特質，加上近數十年來的教育普及、經濟繁榮、生活水準提升、技職教育成功及社會自由民主化成熟等等因素，使台灣人民具有縱橫天下跑遍世界經商做生意之創意十足、點子層出的本事，由此創造出無數發明創作專利並轉化成商品，如果以量產行銷全球之成績角度評論，以國家資源與人口比例而言，實應自我稱許與讚嘆國人自我成就。

其次，在台灣人民的眾多特質中，作者尤其欣賞「聰明靈動」這一部份，它在各種各類世界競賽項目中，如非翹楚者亦屬名列前矛，舉專利創作研發領域成就方面，例如德國紐倫堡世界發明展賽，自我國開始參賽至今，每一屆皆成績輝煌，在世界三大或七大發明展賽中得獎無數，其紀錄傲人，光耀全世界(此紀錄可由經濟部智慧財產局或德國 IENA 大會及其他發明展主辦單位之官方網站可查得)。

上述之表現，皆為專利研發者無限的奉獻與付出心力，且日夜絞盡腦汁、殫精竭慮、日以繼夜從事此工作方才有此成就，在專利研發的世界裡，不論是學術的理論推導或實驗研究，創建新事物或者靠實務經驗觀察實作獲得靈感，創作成品而產出，其過程殊途但結果同歸，就是展現智慧、應用知識、累積經驗、創新技術轉成商品、賺取財富、富足人群、經國濟世與嘉惠人類。

由此觀之，專利開發之根本，在人的腦筋靈動、聰明構想、創新創意豐富及點子十足，其次，將所思考出來的點子創意構想，依邏輯推理、應用哲理推論、科學驗證經驗、觀覽評估正確、展開構想原型製作與實際運作後，紀錄差異、觀察現象、累積經驗數據，再改進評斷成效，最後將成品與構想拉近，並契合而完成創意作品。

中國人尤其在聰明靈動上殊為上乘，例如常說的一句俗語「鬼點子」，在口語流傳上運用至今，成為一個創意的代名詞，包含有讚賞褒獎很有創新想法的意義。西方英文字詞中的 Idea 表示「主意」，例如說，這個人點子多(He is full of ideas.)，它與中文的「點子」具異曲同工之妙。點子來自於我們的頭腦，是思想的重要神經指揮中樞，它可以從無到有 ── 學習新事物，獲得經驗知識，並將它記憶起來。也可以從有到新，運用既有知識經驗

轉成智慧，以適應環境、改變環境、構想方法、製造工具及解決問題，且具有條理性、邏輯性、順序性與不斷的擴延推理以創出新的思考點子。

在創新的領域裏，基本的技能就是從開發自己的想法開始，當想法出來，付予「價值」— 對人類生命保有、生存方法與生活提昇的一切有益的事物，而此即是點子的成形、創意的原點與創作的開始。在專利研發(或專題製作)的領域裏，「點子」可以很多方式呈現，例如，型式功能改變，或是給予形狀樣式的美觀塑造，或以全新的、從來沒有人製作的成品表現，這些「點子活動」，在人類社會中，從古到今，也到未來，將不斷地一代又一代呈現給當代人做爲支援地球上生存與生活的需要。

本書即本此思維脈絡，自心思構想至實品創作到產品量產的歷程，以章節段落方式逐一陳述專利研發(或專題製作)領域中之創意與創新的定義(第一章)，以及與對外界事物產生興趣，用心觀察的心得思考和思想價值詮釋(第二章)，瞭解產生創意過程與原則(第三章)後，實際將創意作成實品歷程(第四章)，並將創意點子及其實品創作付出之心血要求法律保護權利(第五章)，藉著個人申請專利證書經歷(第六章)及創新實品得獎經驗(第七章)與發明前輩的專利商品成功例(第八章)分享，冀望讀者於閱完全書後，能有更好更新更具價值的靈感創意源源不斷，並獲得最大收益產出，讓每一位讀者於運用「智慧活動」之際得到個人終生理想願望的實現。

作者得能撰寫完成此書，感謝德國 IENA 國際發明展中華民國代表團團長高發育先生引領進入技術創新研發領域分享寶貴經驗；台北科技大學蕭名宏教授激發創意點子；龍華科技大學陳詩豐老師與黃嘉和老師於科學技術移轉學術領域過程的導引；大葉大學張舜長指導教授於科技研究方法學理指導，以及爭取研究經費及專利研發預算支付而得以將學術轉成專利技術之願望實現。從而使本書得以順利付梓；感激宏璡股份有限公司創辦人慨允其個人創新研發生涯和成功致富寶貴口述及文字經驗智慧資料，供編入第八章，彰益本書價值，以及全華圖書公司之全力支援盡心編印等條件俱足而得以成書。

本書雖逐章字斟句酌，惟失誤漏植難免，尚祈諸方家先進，不吝指正賜教。

林 保 超 謹識

推薦序

　　一流的人才，要有一流的創造能力。以往在國際競爭上，大家是比「設計製造」，但在日後之競爭上是比「創意」。台灣向來因教育制度上原因，使一般學校教育偏向填鴨式訓練，學生的學習絕大多數扮演被動吸收者角色而缺乏創新及創意，但在知識經濟的發展下，日後各領域所需要的人才，將是以創新創意為主，而非以往之應用技術人力。

　　林保超君所著「創意與創新」一書，闡述創意產生過程及如何捕捉住創意，將創意完整的以文字或圖樣顯現，此過程之訓練正是目前一般學生最缺乏的一環。本書有一章以作者本身之實品得獎例，詳述其個人數件發明專利過程，包括：(1)構想產生、(2)繪製圖形、(3)原型實作、(4)得獎敘述、(5)專利獲獎特色等項目，讀者可由此一步步之過程，學習到如何將創意展現。

　　在現今網際網路發達的世界裡，訊息傳遞快速且無遠弗界，對創意與創新的發展是一大助力，但相對的，卻容易成為智財權殺手，本書亦有專章詳述智財權之保障，作者對此考慮周詳。

　　近年來，台灣各級學校逐漸體認創新及創意之重要性，在課程教學上有所調整，盡量加上創意訓練，要求學生在各學習領域事項上要有「不同之思考方向」，對教師教授的內容可抱持思辨或批判的態度，這是非常正面的發展。個人認同此理念，因此，本人欣然答應願為此「創意與創新」一書作序推薦，相信應可協助全國興趣此領域之學習者增加其學習能力，使學校培養優秀的創意、智慧創新人才，能為國內產業開創未來更新之里程碑。

大葉大學　研發長

機械與自動化工程學系　教授

林 海 平

編輯部序

　　「系統編輯」是我們的編輯方針，我們所提供給您的，絕不只是一本書，而是關於這門學問的所有知識，它們由淺入深，循序漸進。

　　創意、創新一詞是如此抽象的東西，作者以章節段落方式陳述了創意與創新思考的本質與價值，以及創意構想的培養與實作方法，同時舉例並帶入專利相關之創構原則與申請程序，且收錄與成功前輩之創新發明經驗對談。

　　閱讀本書能啟發讀者的創新思考，汲取前人寶貴的經驗，有系統地逐步建構屬於自己的創意作品，同時了解專利法相關規定及保護範圍，可為自己或社會帶來正面且具價值意義的作品。

　　若您有任何問題，歡迎來函連繫，我們將竭誠為您服務。

目錄

序言

第一章　緒　論

一、何謂創意？ 1-2

二、何謂創新？ 1-3

　　　問題與討論 1-5

第二章　創新思想與價值

一、思想的詮釋 2-2

二、創新思想的價值 2-3

　　　問題與討論 2-5

第三章　創意構想的培養

一、甚麼是創意 3-2

二、創意構想的醞釀與生成 3-2

三、專利的創構原則 3-3

　　　問題與討論 3-9

第四章　創意之實品創作與實驗

一、如何將創意作成實品 4-2

二、實品作成的實驗方法 4-5

　　　問題與討論 4-13

第五章　創意智慧財產權益保障

一、申請智慧財產權益保護—專利申請程序 5-2

二、認識中華民國專利法 5-6

三、瞭解專利審查基準 5-8

四、輔助性的保護—著作權法 5-20

五、輔助性的保護—營業祕密法 5-24

　　問題與討論 5-28

第六章　創意與創新構想申請專利證書核准例

一、多一套安全的「自動煞止倒溜之車輛煞車系統」

　　(發明證書第 I 177972 號) 6-2

二、同時擁有油壓和氣壓煞車系統的汽車

　　(發明證書第 I 250255 號) 6-15

三、具有增效功能的重型車輛全氣壓煞車系統

　　(新型證書第 217165 號) 6-30

　　問題與討論 6-46

第七章　創意與創新實品得獎例

一、創意的隨車千斤頂—可隨地面坡度自動調整頂高中心的

　　頂車工具 7-2

　　(一)構想產生 7-2

　　(二)繪製圖形 7-6

　　(三)原型實作 7-8

　　(四)得獎敘述 7-9

　　(五)本專利獲獎特色 7-10

二、車輛差速器變成煞車輔助器 7-11

　　(一)構想產生 7-11

　　(二)繪製圖形 7-13

(三)原型實作 7-20

(四)得獎敘述 7-22

(五)本專利獲獎特色 7-23

三、輕鬆更換拋錨車輛輪胎的隨車(手搖轉)工具 7-24

(一)構想產生 7-24

(二)繪製圖形 7-24

(三)原型實作 7-29

(四)得獎敘述 7-31

(五)本專利獲獎特色 7-31

問題與討論 7-33

第八章　創意與創新專利商品成功例

一、與專利研發成功前輩之創新發明經驗對談實錄 8-2

(一)量產商品的創意靈感由來 8-2

(二)商品化前的原型實品過程經驗 8-3

(三)如何將專利商品成功行銷 8-3

(四)給本書讀者的經驗提示與分享 8-6

二、靈感創意轉化爲量產專利商品成功案例 8-9

(一)養生壺 8-10

(二)旋轉餐桌 8-25

問題與討論 8-38

第九章　結論

附錄 A 本書參考資料

附錄 B 創意與創新構想申請、得獎與商品成功專利證書

附錄 C 智慧財產權利保護相關法規

一、專利法及其施行細則 C-2

    (一) 專利法略述 C-2

    (二) 專利法施行細則簡述 C-2

二、著作權法略述 C-3

三、商標法及其施行細則 C-4

    (一) 商標法略述 C-4

    (二) 商標法施行細則簡述 C-4

四、營業秘密法 C-5

五、發明創作獎助辦法 C-7

1

緒論

一、何謂創意？
二、何謂創新？

　　「創意」一詞，在中國俗語中可以「點子」來形容與相比擬。「點子」的本意爲「一點兒」、「小痕跡」之義(國語日報辭典，民 73)，口語流傳運用至今，成爲一個創意的代名詞，例如「不錯的點子」、「鬼點子」，表示讚賞褒獎很有「創新」想法的含義。

一、何謂創意？

　　本書封面將「創意」立即呈現，並作爲本書書名，表示此一名詞甚具意義。

　　創意一詞於中文辭典之解釋爲以前所未有的事、獨創的意念想法、衍生之創作、創見、創始、創造力等之意。創意名詞，皆與「以前所沒有的事物」有關聯，即皆有一「創」字，國語日報辭典對創字解釋爲「初有，創造」。因此，例如「創造」即可解釋爲「發明創造以前所沒有的事物」；創造力可解析爲「創造事物的能力」，而這些名詞皆與人類天賦具有好奇，冒險，思維與思想能力有關。

　　外文中 "A Create Idea"爲一般英文對創意解釋。 "An Original View"(創見)或"to create, Creation"創造；或 "Initiative；To Start；To Initiate"；或創造力 "Creative Power"等名詞，皆爲對創字的運用。

　　創字在說文解字一書解釋爲，日常生活中， "有關以前所未有的事物 "，它無時無刻反應，在任何地方，皆可見到獨創的意念想法，這些意念想法經由知識學理或經驗實務驗證可行，具有益於人類生活的應用價值，而被設計生產製造，行銷到個人、家庭、社群組織、社會國家，乃至全人類中應用、使用與利用。

　　因此，「創意」是人類的原動力，因人類生存需求而存在。有一句話：「科技始終來自人性」，實爲貼切的表示。

　　創意，透過人的頭腦思考，利用科學實驗、經驗技術，將事物從無中生有或由存有中求更好更完美。

　　人類因生命生存需要而具有天賦的適應能力— 透過觀察、探究，迴避危險；同時具有思想的能力，而有改變環境突破困境的能力—思維、設計、製造生活器具以創造安全生存環境。又因人類的活動，生生不息綿延不斷，經驗與體悟事物之存有原理後，創造出圖像文字，將溝通之口語，運用文字圖像予以記載，經由圖像文字，將累積的生存方法竅門技術應用傳承保存下來。

　　人類經過數百千年的克服身體以外的環境生存法則，在付出犧牲無數生命，逐漸安定安全之後，朝向生活層次的經營創作，創造屬於人類身體以內的心靈的安穩平衡與鎮定，傳延至今，目視可見的偉大科學工藝、藝術、文學等被創作出來；對生命探秘，包含身心靈等的哲學知識系統被建構下來，科學與技術知識系統被傳承下來，此由創意所生成累積之理論與經驗技術，為人類共同寶貴資產。

二、何謂創新？

　　由上述觀之，人類的創意構想生成，對人類生命延續生存安全與生活安定環境營造，實有重要關鍵意義，因此，對接續而來的「創新」的生產與製作能力的培養顯得無比重要。

　　那麼，何謂創新呢？國語日報辭典將其解釋為：「以前所未有的新事物」或「獨創一新的見解」。

　　宥於人類屬生物生命特質，受時間限制─死亡，因此有思想能力的人類，為自己規劃妥所有對人類具有生命生存生活價值的事物的創作與保存，並保證可能傳承延續方法─透過教育，將文字圖像完整地傳遞給下一代，一代又一代地沿傳下去，直到……？？？。

　　前述問號代表何意義呢？「它」，可能如電影「地球毀滅」、「彗星撞地球」一般被宇宙外力毀滅，人類生命嘎然停止；「它」，可能如第二次世界大戰一般，人類因貪婪無知而誤用人類寶貴資產，自我創造毀滅工具、自相殘殺而停止；「它」，有可能因人類肉眼見不到的人類病菌傳染毀滅而停止；「它」，更有可能因人類自我破壞生存環境，造成地球本身氣候升溫或劇冷、突震、暴風驟雨、洪流淹漫、物種絕跡、生命鏈斷等有中國老祖先文化傳承所謂的天道地象人倫的運作原理而停息；「它」，可能……，依照人類思維的極限，予以類推、預測、實驗印證……儘所能思維的眾多可能，而使人類消失於地球上、宇宙中。

　　但「它」，也可能綿延不斷且生活得好好地，既安全又安定，跟著天時地理倫常定律安穩的走下去。

　　討論到此，言下之意，似乎有不祥之兆。人類真有末日？此為數千年來自有文字記載之後的人類對自己居住生存空間的疑問。

　　人類將有無窮盡的時間與空間可供無限制的使用耗用甚至濫用？

　　答案顯然應為「非」。

　　既然如此，人類因空間使用限制而使自己時間制限，如何透過人類寶貴資產使空間得以永續利用，生命時間得以綿延不絕，實為重要課題與當務之急。

　　幸好，雖然人類個體是有時限的物種，但懂得透由聰明的創意及有智慧的創新，經由教育過程，將知識轉化成經濟利益之際，也能夠深入並結合文化、族群、社會等團體之力，經由創新製作、創作研發手段造福人類本身；也能夠以當下群體智慧，反省檢驗自己的生存空間，是否因過度滿足人類自己物質慾望而自我破壞；是否因爭奪資源而過度地自我膨脹權力慾望而自我毀滅，從而使上述的疑問不會成真，結果不會發生。

　　本章緒論實際意旨在認同與追隨其他眾多學術前輩與技術先進腳步，以有限知識經驗盡可能地呈現現在的成果，並從思想與靈感切入開始，闡述有關專利創新與創意世界的堂奧。

問題與討論

1. 請以不同於辭典的語詞和例子定義「創意」的意義？為什麼？

2. 學習者就自己的認知，對「創新」一詞於概念上有何闡釋？請舉例說明？

2

創新思想與價值

一、思想的詮釋

二、創新思想的價值

一、思想的詮釋

「思想」(Thinking)於人類，可形諸於抽象概念或外顯於實質行為，呈現多元及多變樣態，同時也隨人類的成長生長變化而發展，思想與時間相生與空間相倚，創成多采多姿的人類生活價值事物，人類生活於思想世界，自由、自發、自動地取捨各式各樣價值事物並做抉擇，同時不斷在無限時空中做價值創新與創造活動，突顯人類在萬物中的特質。

人類自己將所有思想活動及其活動時所創造的事物設定標準，此標準即「價值」。對宇宙自然而言，事物的標準或許只有一種，此標準規範著人類的思考與思想精神及物質肉體的生存活動，在可能的價值無限標準與唯一標準的兩點一線縱軸與人類命限的從出生到老死滅寂的兩點一線橫軸所交織的落點上，每一人類個體都需在任何時空中，內心做思想上的思考或不思考，或在兩者之間的任一思考點上做各種不同的價值思考。

但思考的價值域限可達無限大也可以無限小。人類在此大小範圍(假設有範圍)內選擇何種價值，卻又需要深一層做價值思考判斷。

生活真的是否需要上述許多的經由思想之後產生的知識或智慧思考嗎？

如序言所敘述，人類生命尊嚴需要思想智慧，人類生命存續亦需要思考的活動，人類日常生活更離不開思索智慧，因為面對環境需要適應方法，解決問題需要技巧，這些思想、思考、思索的「思」之動力，來自人類生物本能與本性，雖然人的一生歷程中確實不容易做到最正確的判斷以求得最佳解決問題決策。

人類每每面對每一樣事物，都會思考事物的標準，即其價值高低、大小，因此「價值」大小也是思想價值的高低。

生命已既定(或命定)，外在事物也是既定，人有思想，在命定的時間與空間中發揮思想極致；動物沒有(或許有)思想是命定，在限制時間空間發展中，其求生存與維生適應本能與人類相同；植物不會思考，是命定，在特定時空中發揮其生命韌性與耐性，其生存意志與能量類同人類；礦物沒有思想也沒有生命，也是命定，但它們各存有不同的「能」，經過人類的發現、發明、創造思想歷程，展現出其物質命限的本能，厚生地利、供養人類萬世之用。

以上的「各物」，西方哲人亞里斯多德(Aristotle 西元前 384～322 年)曾予以界定，以人的立場角度將世界萬物以「能」的價值區分，以人為貴，動物次之，植物為輕，礦物最末，因此人的眼光開始以貴賤(中國的貝字為錢幣之意)區分萬物價值。

二、創新思想的價值

　　理想上(眞理)自然萬物各得其所，各適其用，無所謂價值高低，實務上(現實)人類主導世界，以人爲本位論衡萬物，以價值爲標準。

　　我們可以如此認定嗎？

　　賤如砂土亦大有其用，如提鍊金屬，化成貴重成份供用……等，我們稱之爲「創造」。

　　賤如植物，更大利用，生成氧氣，維持生態平衡，供生物界食用，供人類維生，保護地球，植栽觀賞，舒解情緒……。

　　賤如「賤人」貴有「貴人」，人類給予自己界定「無用」或「有用」之人，或「小用」、「大用」之類，稱前者之小用以「賤」，稱後者之大用以「貴」，因此貴賤價值判斷確立。

　　但又如何定出大用、小用、無用、有用之標準，以分出價值高、低、有、無？

　　每個人「心中都有一把尺」，分辨事物價值貴賤，但如何判定與訂定其貴賤之所以貴賤？

　　「此物貴彼物賤」或是我認定，「此物賤彼物貴」又是他認定，如此人與人間必有爭執，因此必有一套標準以作人類自己運作參考：

　　萬物之貴賤如兩點之一線，其中分割成若干個貴賤定出其高低長短距離。

　　萬物之價值如 360°之圓，可由任意角度切割，而定其面積大小。

　　誰來訂定事物貴賤距離大小？資源供給者？上天？資源分配者帝王？公、侯、伯、子、男……？或爲需求者之平民百姓？

　　誰是最後決定事物價值者？資源供給者？上帝？資源分配者帝王？公、侯、爵……？或爲需求者之平民百姓？

　　依此看待人類之間的互動—分工、合作、團結、齊力、競爭、鬥爭、抗爭，皆跳脫不了人類自己所制定的價值標準，但此標準是否可以畫爲一種，以因應及符合不同角度者，例如資源供給者、分配者與需求者之間互動的公平正義唯一價值標準？

　　公平正義唯一價值標準簡單定義：每一個人在自由意志抉擇下自己決定事物價值多寡。

　　以經濟市場交易而言，需求與供給雙方在自由意志抉擇下合意決定事物價值後完成交易者謂之。

人類思想歷史不斷遞變嬗演，存留至今的某些「思想價值」，經過時間空間證明是人類認定有價值者；某些沒有價值的事物則被汰除，遺棄淡忘；某些則被暫時淹沒，但可能在百年千年後出土或取出或重定價值而成為現今世界主流價值，如經文、藝術、文字……等等。

經由上述思想的解釋，或許可以明瞭到在人類歷史長河的某一時點當時，以文字記載的人文思想、科技、藝術、音樂等，為現今人類予以復古追源探本或創新研究，增添人文思想科技，而呈顯新的硬體價值；或者，某些少數族群思想價值為強勢族群掩蓋、攪混、稀釋、調和、變質而成，又成為新的文化的軟體價值主流，而這兩部份，卻是屬於人類寶貴的創新智慧活動。

這種流動性、發展性、變異性、多元性、創新性的活動所生產之事物價值思想，隨人類族群發展不同而自成體系差異。我們總是想從這些眾多人類價值體系歸納或抽離「放諸四海而皆準」的價值標準。

人類隨時間演變，累積大量文字、技術、知識，因此隨之而來的活動移動空間擴大，使人類間擴大文字與知識技術交流，使價值溝通成為可能，加以人類世代基因遺傳不斷循環累積知識思想的質與量，構成思想與價值的發展，成長與再定義，人類乃自訂一套可以接受的理想價值標準或價值體系。

西方哲學史上自古希臘哲人與蘇格拉底(Socrates 西元前 470～389 年)以降，至現代哲學學者，企圖以不同角度，以邏輯理性方法歸納建構一套理想價值標準。

人類智慧在包含哲學、科學、心靈、思想、生理、心理、藝術、音樂……等等過去到現在的知識經驗活動與歷程中，藉著既有智慧知識經驗推知未來的一切，提供更確切價值標準為人類抉擇遵行。它似乎是：不斷地有新一代詮釋予以刪減訂正或新的分流或整合和見解解釋而能跳脫前一代先知哲人的思想範疇，這是創新思想的建構。

如此動態(循環)情境累進，人類或許能夠創意地思索到：有一天，人類能有「頓悟」與「開竅」能力，以現代術語名詞我們稱之為「創新」能力，瞭解人類過去的生物有限性，也有創意無限性的知識為基礎藉以預測自己的未來，除了訂出符合全人類生活所需的取捨抉擇適用的事物價值標準「放諸四海而皆準」，同時以創新價值造福現在與未來的人類生活及保護其他物種維持生命生存永續的環境。

問題與討論

1. 我們每個人的思想有共通之處，也有相異之點，請就自己對創新思想作一註解。

2. 何謂價值呢？請依自己現有經驗知識思想基礎闡釋。

3. 為何人類社會需要價值的衡量制度？沒有它可以嗎？

4. 如果人類社會需要價值制度，那麼創新有何價值？

3

創意構想的培養

一、甚麼是創意
二、創意構想的醞釀與生成
三、專利的創構原則

一、甚麼是創意

　　「創」字在國語日報辭典 (何容，民 74)解釋爲「初有，初造」；「創意」一辭於中日辭典(諸橋轍次等，信華圖書，昭和 54 年，五版)解釋爲「創出新的思考的技巧」，意即「創出最新的初始意念」。

　　「創意」一辭，或於中國語文中常用之「靈感」一辭可以比擬解釋，即「文學藝術之情感的突然湧現」或「宗教之超乎自然作用的一種精神感應」 (國語日報辭典，何容，民 74)。

　　靈感創意常出現在一瞬間，不容易補捉到，更難於瞬間記錄下來，因此，又以「靈光一現」名辭稱之，一般人不易培養出此項工夫。

　　另外，中國有一俗語「點子」，其意本爲「一點兒」、「小痕跡」之義(國語日報辭典，民 73)，口語流傳運用至今，成爲一個「創意」的代名詞，例如「好點子」，表示誇讚很有創新想法的意思。

　　由於創意或靈感的特性如上述，因此「創意點子靈光一閃」的先機啓發，常在毫無徵兆且無時無地的在無形無意中出現。

　　那麼，如何生成與得到創意靈感？而且可以讓自己完全補捉到並予以記錄？

二、創意構想的醞釀與生成

(一) 創意構想的醞釀方式常來自以下步驟與程序：

　　1. 對自己所欲創作或創造的事物「外型」瞭若指掌。

　　2. 對自己所欲創作或創造的事物「結構」瞭若指掌。

　　3. 對自己所欲創作或創造的事物「原理」瞭若指掌。

　　4. 對自己所欲創作或創造的事物「相關型構」理瞭若指掌。

　　5. 對自己所欲創作或創造的事物「相關知識」瞭若指掌。

　　6. 對自己所欲創作或創造的事物「相關經驗」瞭若指掌。

　　7. 對自己所欲創作或創造的事物「相關知識經驗之統合」瞭若指掌。

由於統合「瞭若指掌」於所欲創作或創造的事物，因此當創意、靈感、點子等突然來的時候，就能在「靈光一閃」時，從容地暫時放下工作，立刻記錄下來而不會讓它消失。依照德國 IENA 國際發明展中華民國代表團高發育團長之經驗談：「個人經驗以為，如剎那間靈感來的時候，我們必須暫時放下手邊工作，立刻圖記或文字書寫下來……如果當時我們無法解決這個問題，未必代表這個靈感沒有辦法實施，要找一天，定下神，靜下心，安下身來，慢慢去體會，去找答案，就會有很好的成果。」

上述方式，等同於人類不會因時空限制而能捕捉到已潛在醞釀的創意點子，同時也創造另一層次靈感。

（二）其次，創意點子靈感的生成特性之一是「我們創作越多，靈感產生越多」，此好比閱讀書籍愈多，產品觀摩愈廣，靈感出現頻次愈密。因此，靈感出現，除了使用紙筆記錄，尚需進一步實施落實，即先創作出一個樣品，使創意構想以實物作品生成表現，以免靈感徒然成為一個無法實現的空想。

（三）培養創意構想的醞釀與生成並非每個人都能順利完成，視每個人個性特質而定，許多人常會遇到「空窗期」或「空白期」或者創意生成「高原期」的歷程，有如「黔驢技窮」或「山窮水盡」，因此透由持續的創構醞生的歷練，累積豐富經驗後，則創意構想的實現將源源不斷。

三、專利的創構原則

作者以自己專利創意構想靈感點子從補捉到成品實現為例，敘述以下專利創構原則：

（一）是否確實瞭解自己的構想特性─知己

1. 創意點子是否具最佳性。
2. 是否具有技術進步性。
3. 是否具備最新創意性。
4. 是否具有商品價值性。
5. 是否具備操作使用安全性。
6. 做出之原型成品是否具理想性的。
7. 做出之原型成品總成本是否具競爭性。

(二) 是否確實瞭解別人產品的構想特性─知彼

1　創意點子是否超越自己的構想。

2　是否比自己做出之實品具有技術進步性。

3　是否比自己的更具創意靈巧性。

4　別人商品特殊性及其價值特徵性為何。

5　是否更具操作使用安全性。

6　整體之商品是否具備理想性。

7　自己是否有購買之衝動性。

8. 商品之銷售價格是否具可接受性。

當以上答案或評估結果是正面的，方可開始進入申請專利程序。或者分項自我評分，總分達八十分以上，方可提出專利申請為佳。

本節試舉車輛輪胎爆胎拋錨之後，許多車主或駕駛人下車急於更換輪胎動作中，以一簡單的 L 型扳手工具拆下螺栓或螺帽更換輪胎工作之觀察為例，如圖 3-1 所示。

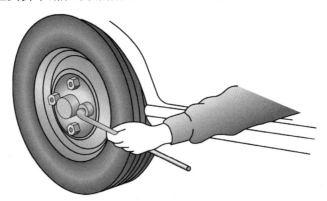

圖 3-1　使用隨車 L 型扳手工具拆裝輪胎螺帽

我們發現使用該 L 型扳手工具有些許不理想之處：

1　扳手工具力臂長度較短，因此施予輪胎螺帽之旋轉扭力亦不足，手臂力量不夠的駕駛人(尤其弱小肌力女性)無法拆鬆輪胎螺帽，如圖 3-2 所示。

2　由於正常行駛輪胎如非必要，車主不會拆裝它，因此長時間下，該輪胎螺帽容易鏽固而增加旋鬆時的扭力值。

圖 3-2 　弱小肌力女性難以拆鬆車輛輪胎螺帽

圖 3-3 　拆卸輪胎時，需以另一手托住扳桿

3 　L 型扳手工具套入輪胎螺帽後於一手施力時，必須以另一手托住扳桿之彎曲處使套筒與螺帽成垂直狀態，如此避免 L 型扳手工具從輪胎螺帽中滑脫而無法工作，如圖 3-3 所示。

4. 　車輛輪胎經保養維護後，鎖緊螺帽時常使用氣動扳手工具，由於維修廠使用之空氣壓力通常較標準鎖緊壓力為高，導致螺帽鎖緊扭力超過廠家規範值，此時如使用隨車之工具扳手從事拆卸工作，將變成異常困難，甚至無法完成。

基於以上因素，經觀察比較思考之後，認為尚有其改進之處：

1 　加長力臂。

2 　附加支架撐住扳桿之彎曲處。

3 　使用車上電力改以電氣馬達驅動。

4　使用氣壓馬達驅動。

5　使用油壓馬達驅動。

6.　使用其他能源驅動扳手工具。

經過評估選擇採用使用車上電力，改以電氣馬達驅動，如圖 3-4 原型所示。

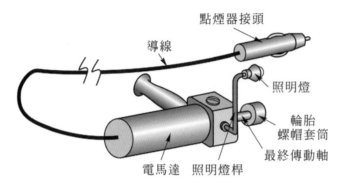

圖 3-4　使用車上電力之電氣馬達驅動輪胎螺帽拆裝工具

再經過原型工具實作後，發現尚符合自己的構想特性—知己部分之 1.2.3.4.項，但尚未符合第 5.6.7.項要求標準：

1.　創意點子是否具最佳性。

2.　是否具有技術進步性。

3.　是否具備最新創意性。

4.　是否具有商品價值性。

5.　是否具備操作使用安全性。

6.　做出之原型成品是否具理想性的。

7.　做出之原型成品總成本是否具競爭性。

為此，再經思考觀察比較，認為尚有其改進之處：

1.　克服電氣馬達驅動時之握持把手反轉扭力。

2.　減少電氣馬達體積減輕重量。

3.　整組電氣馬達及附屬驅動配件成本再降。

因此，構想改進工作繼續，將原型工具改良，如圖 3-5 及圖 3-6 所示。

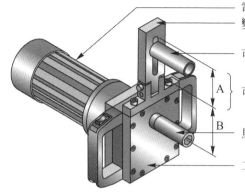

電動馬達
變距抗反扭力桿(內孔長方型)
可調式移動型抗反扭力套筒
A 可調整距
B 馬達驅動軸(出力軸)
二次減速箱

代號：A可變最大距
B可變最小距

圖 3-5　改良後之電氣馬達隨車工具構想圖

圖 3-6　改良後之電氣馬達原型工具

　　改良後之電氣馬達隨車工具，再經過實作後發現已符合自己的構想特性—知己部分之 1.2.3.4.5.項，但尚未符合第 6.7.項理想要求標準：

　　6. 做出之原型成品尚未達理想性。

　　7. 做出之原型成品總成本未具競爭性。

為此，持續思考實作比較，認為還有再改進之處：

　　1. 再減輕電氣馬達重量與縮小體積。

　　2. 再降全組電氣馬達及附屬驅動配件成本。

為此，改進工作持續，再將該原型工具改良，如圖 3-7 所示。

圖 3-7　輕量與細小化較低成本後的電氣馬達及附屬配件

　　至此，專利創意構想靈感點子從補捉到成品實現，應可以告一段落，但專利之開發與構想創出是與時俱進，永不停歇的工作，因為，我們從專利創構原則中，體會出創意與創新為「只有空前，沒有絕後」的科技研發事業，它除了創造物品外，也創新價值，造福人類。

問題與討論

1　如果有一物品需要改良或改善，你會從什麼角度或哪一個觀點切入思考它？

2　承上題，如果該一物品需要改良或改善，你為什麼從這個角度或觀點思考它？請予分析後作一敘述與分享。

3　每個人都有「靈光一閃」的經驗，請就自己的經驗作一敘述與分享。

4　請將自己的從 0 到 1(無到有)的創意點子生成或醞釀的經驗內容範圍、種類方式……等等不限，予以詳細說明與共同學習者分享。

5　天馬行空的思想及構想等，是創意嗎？為什麼呢？試舉例說明。

6　請學習者敘述自己曾經想到(過)的專利構思，它應包含哪些原則？

4

創意之實品創作與實驗

一、如何將創意作成實品
二、實品作成的實驗方法

一、如何將創意作成實品

　　前章述及專利創構原則,並介紹從創意構想到靈感點子捕捉,到成品實現的簡要過程與原則,本章將詳述如何將創意作成實品的歷程,希冀讀者在進入專利領域學習歷程中有一專利全貌或至少有一概觀,以做為靈感點子出現創意構想生成之後,能進一步申請專利著作權益保護,讓自己的 Know-How 可以轉成社會、經濟、國防、教育或文化上價值效益兼獲得個人奉獻付出之報酬收益。

(一) 將創意作成可供回憶記錄、討論、刪修與改訂的文件,包含圖像、記號、文字等。

　　1. 繪出構想圖,並先給予構想暫定一名稱,如圖 4-1 所示。

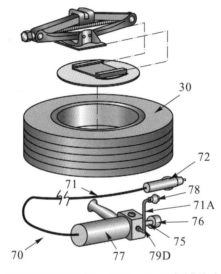

圖 4-1　先給予構想暫定一名稱:具電力輔助之換胎工具

　　2. 給予各相關零組件依習用或專業領域賦予名詞術語,如前圖 4-1 中之代號,或直接書寫於各該零組件旁邊,例如下表 4-1 所示。

表 4-1　零件圖號名稱

30	輪胎	75	最終傳動軸
70	電馬達導線	76	輪胎螺帽套筒
71	點煙器電源線	77	電馬達殼體
71A	照明燈架(撓性)	78	緊急搶修照明燈
72	點煙器插頭	79D	照明燈開關

3. 以文字寫出構想對象或標的物的主要目的，例如：

「車輛是現今最主要的交通工具，全球每個人幾乎都會很頻繁地利用它，享受它帶給我們古人所未有的路上遠行效率，但行駛期間必然會有故障拋錨風險，因此每一輛車須準備基本的隨車工具，以便路上臨時汽車拋錨，能即時自行動手或協助他人進行緊急修復。

但目前使用的換胎工具組有幾點缺失或功能不足之處：

(1) 完全仰賴人力搖轉千斤頂及鎖緊輪胎螺帽，而這些搖轉程序要經過很多圈搖轉才能完成，且半路拋錨多在趕時間下，要立即完成換輪胎，將迫使雙手搖轉得更為忙碌，讓駕駛者對臨時換胎備感吃力，尤其如今社會有很多女性、老年駕駛者，對耗力的扳轉修護工作難以接受，使臨時自行換胎的規劃及隨車工具，無法使每位駕駛感覺方便樂於接受。

(2) 人力搖轉速度因人而異，路上須臨時換胎的緊迫時間內，難以分分秒秒準確地地掌控修護進度，且不是常有換胎時機，不能夠讓駕駛人養成快速熟練的換胎技巧，因此容易因平時疏於演練，使臨時呈現的搖轉姿勢更加笨拙，而造成換胎時間耽擱。

(3) 再者，習見隨車換胎工具中，未一體設置可供夜間或昏暗地點照明的搶修照明燈，而須隨車另備一組搶修照明燈，如此使夜間或昏暗地點的換胎工作，增添不便而使得路邊搶修收拾工作無法快速簡潔。

(4) 或者……………………………………………………………………。」

等等缺失項皆可條列書寫出來。

4. 寫出創意及擬創作之範圍，例如：

「想要創作的是有關一種電力輔助隨車換胎工具組，特別是一種換胎時，將隨車千斤頂置於車底適當地點，即可以電力扳轉千斤頂，將車體頂起或回降，並可對輪胎上的輪胎螺帽，進行電動旋卸或鎖回，且設有較大貼地面的千斤頂基盤，使行車途中的隨車換胎工作更省力、省時，且頂升車體時能夠更平穩。」

5. 寫出自己的創意優點，例如：

「使駕駛者路上換胎時，將隨車千斤頂置於車底適當地點後，即可仰賴電力扳轉千斤頂，將車體頂升或降回，並可對輪胎螺帽，進行電動旋卸或鎖回，讓駕駛者不需耗力搖轉，得以輕鬆面對臨時的換胎工作，可方便於女性、老年駕駛者使用。

其次，能夠藉由汽車本身電力驅動電動板手搖轉，產生的搖轉速度穩定，不受個人體力差異影響，路上須臨時換胎的緊迫時間內，容易分秒掌控修護進度，且整個拆胎過程，不需拆換者雙手擺出正確的搖轉姿勢，因此不會有技能不熟練的問題，得以降低換胎時間耽擱。

另外，此種電力換胎工具組，其電動板手殼體適當位置，可一體設置緊急搶修照明燈，供夜間或昏暗地點換胎照明，增加工作安全度。」

(二) 將前述創意所作成的文件，包含圖像、記號、文字等予以整理，使具有條理脈絡，邏輯順序，其功能在：

1 作為零組件繪製機械圖之參考：外型結構尺寸等之標定。

2 利於申請專利製作標準公文書使用。

3 可作為功能原理邏輯推論時，工作團隊能夠進一步共同討論之範本。

4 可於委託外製時對承作廠商討論有關技術性或學理性議題時之標準文件。

5 將草案或完稿件於成品完竣定案後，容易歸檔保管存取，作為日後再利用的寶貴資源。

國際認證機構組織(ISO)主要精神之一：「能說即能寫，能寫即能做，能做即能說」的設計理念，甚為符合以上所述創意構想之歷程內涵，如將其精神，運用至順暢精熟，得心應手層次，則對專業領域之專利技術開發所需的創意構想靈感點子產出，將具有源源不斷的效果。

二、實品作成的實驗方法

當創意生成，將構想所作成的內容，包含文字圖像、符號標記等予以整理，使具有條理脈絡，邏輯順序的文件後，以自製或以專業分工委外製作成品完成後，需要給予該成品做實驗及試作，如法令規定，則尚必須作驗證檢查程序。

限於篇幅，本節即以前一之(一)小節所述之「具電力輔助之換胎工具」為例(參考圖4-1)，作一扼要說明。

(一) 分析原型實品結構與特性

1. 瞭解原型實品電動馬達原理結構與特性

    例舉之電動馬達工具，可驅動一出力軸，將車輪螺帽鎖緊或旋鬆，但鎖緊或旋鬆之瞬間，電動馬達本體同時會產生出強大反作用力，可能使駕駛人無法安全持用，甚或因電動馬達旋轉產生之反作用力，使得換胎工作者立即有手臂扭傷之危險。

    (1) 電動馬達驅動特性

        設計電動馬達主要目的為拆裝故障輪胎，用意於利用馬達機械與電氣特性，例如馬達運轉轉矩、最高連續轉速與每一迴轉轉矩能力變化等特性，而且尚需符合以下條件：

        ① 馬達輸出軸出力能符合車廠各型輪胎鋼圈螺帽鎖緊扭力規範值。

        ② 馬達輸出軸出力能符合各車廠各型規格輪胎鋼圈螺帽旋緊瞬間扭力需求。

        ③ 馬達驅動扭力輸出必須配合原車電源系統規範值。

        ④ 馬達驅動扭力最大值於旋緊或旋鬆車輪螺帽產生之反作用力，可設計一機構，附加於馬達上予以克服或消除，以符合安全規範要求。

        以上條件需求問題，經構想、繪圖、製作原型及實驗操作逐步予以實驗解決。

(2) 電動馬達性能規格

清楚明瞭原型成品使用之馬達規格：

① 原型馬達廠牌：東力牌

規格： DC 12V

出力： 250 W/ 7.0A/ max/ 3000rpm /扭力 4kg-m

② 減速機廠牌： ANG, CO.LTD

型式： CV1 Type

減速比： 50

③ 原型馬達與減速機外觀型式，如圖 4-2 所示

(3) 一次原型電動馬達工具實驗結果與問題

原型馬達出力之最終減速比 1：50，

其套筒驅動軸轉速為 60rpm，扭力為 4.0 kg-m ....①

直流電動馬達

減速機

圖 4-2 附有減速機構之實驗原型直流電動馬達

資料來源：東力電機公司產品網頁，網址 http://www.tunglee.com.tw

一次原型設計，包含電動馬達、一次減速機、車內電源線與夜間照明燈等裝置結構，如圖 4-3 所示。

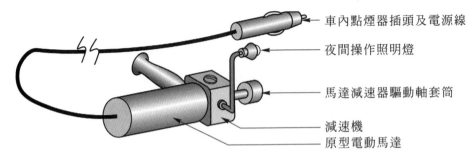

車內點煙器插頭及電源線

夜間操作照明燈

馬達減速器驅動軸套筒

減速機

原型電動馬達

圖 4-3 第一次實驗原型電動馬達及減速機構外觀型式

第一次實驗原型未能符合前節敘述條件，即在拆卸較大車輪鋼圈螺帽鎖緊規範扭力值 (9～12kg-m)時，未能達到旋鬆效果。

其次，把手設計不理想，無法抵抗旋緊(旋鬆)時馬達殼體產生之驅動反扭力，其結果如圖 4-4 所示，左手持用左把手，右手抓握電動馬達殼體，於驅動出力軸套筒旋鬆(緊)螺帽時，人體手臂力無法對抗反扭力量。

圖 4-4　手持附把手馬達驅動軸套筒工具旋鬆(緊)螺帽時無法對抗反扭力量

2. 電動馬達抗反扭力結構特性與問題解決

如前 4-4 圖示，呈現出此工具缺點與限制，予以重新思考構想、設計與改良後，改善馬達驅動出力軸套筒螺帽之反作用力問題，解決方法如下：

(1) 首先克服出力軸轉矩扭力不足限制，於原型電動馬達一次減速機前另加裝二次減速機構，以增加馬達輸出扭矩。

(2) 其次，找出相對之抗反扭力支點，依據車輪鋼圈螺帽節圓直徑(Pitch Center Diameter，簡稱 P.C.D)共通特性，設計一抗反扭力套筒機構，並可隨不同車輪鋼圈之 P.C.D 值調整力矩，經組合後，其成型如圖 4-5 所示，成為二次原型完整電動馬達工具。

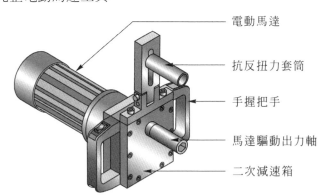

電動馬達

抗反扭力套筒

手握把手

馬達驅動出力軸

二次減速箱

圖 4-5　具有對抗電動馬達反扭力及增益出力軸扭力之二次原型工具

電動馬達所加裝二次減速箱，其內部機構與應用原理如下節說明。

(3) 計算二次減速箱輸出扭力

在二次減速箱內，包含了一輸入主動齒輪 A、第一次減速被動齒 B、二次減速主動齒 C、第二次減速被動齒 D 及其出力軸，如圖 4-6 所示。

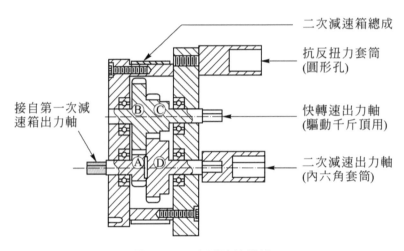

圖 4-6　二次減速箱機構

代號說明：

A：二次減速箱輸入主動齒輪(N= 20T)。

B：二次減速箱第一次減速被動齒(N= 60T)。

C：二次減速箱第二次減速主動齒(N= 30T)。

D：二次減速箱第二次減速被動齒(N= 60T)。

依公式：　$VR_{AB} = \dfrac{NB}{NA}$ ，$\because V_B = V_{RC}$

$\therefore V_{RCD} = \dfrac{ND}{NC}$ .... ②

$TV(\text{Train Value}) = \left(\dfrac{NB}{NA}\right) \times \left(-\dfrac{ND}{NC}\right)$ .... ③

將齒輪代號 A、B、C、D 數值代入③

減速比：$\dfrac{60}{20} \times \dfrac{60}{30} = 6$ .... ④

出力值：　24 kg-m(①×④)............................. ⑤

(二) 作成原型實品實驗

依據上式，將前述之套筒扭力① 4.0 kg-m ×④ 6＝⑤ 24 kg-m，得到二次減速箱出力軸之扭力值，經實地實驗後，證明可因應車輪鋼圈 10 英吋～ 17 英吋之小型車輛輪胎螺帽旋緊與旋鬆之瞬間扭力需求。經實驗得出其關係，如表 4-2 所示。

表 4-2 輪胎螺帽扭力與馬達電流值關係

車型廠牌年份	鋼圈直徑 ("英吋)	螺孔數及 PCD 值 mm×5hole	螺帽標準扭力值 (kg-m 鋁圈)	螺帽旋鬆扭力值(kg-m)	馬達正常旋扭電流值(ADC 實測)	瞬間最高扭力電流(ADC 實測)
BMW520*i* 1992/07	17	120 × 5	12	15	7～9	27
Chrysler1994 Neon2.0L	15	100 × 4	12	16	7～9	28
Cefiro3.0L 95	16	114 × 5	12	14	7～9	25

(三) 原型實品抗反扭力機構特性分析

1. 變距型抗反扭力

   如前 2-(2)節說明，世界車輪鋼圈廠訂定統一輪圈螺孔固定節圓直徑(P.C.D)，在所舉例示之電動馬達工具又稱為「變距型」，以適合 10"～24"(英吋)之各種不同尺寸鋼圈螺帽之拆裝組合，如圖 4-7 之 A.B 代號所示。

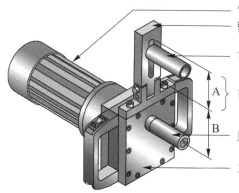

電動馬達
變距抗反扭力桿(內孔長方型)
可調式移動型抗反扭力套筒
可調整距 代號：A可變最大距
　　　　　　　B可變最小距
馬達驅動軸(出力軸)
二次減速箱

圖 4-7 可適應輪胎鋼圈 P.C.D 變化之變距型電動馬達工具

2. 抗反扭力之簡易原理

   電動馬達工具於鎖緊輪胎鋼圈螺帽時，會產生順轉扭力，即出力軸端套筒產生順時針扭轉(Torsion)作用，當螺帽被旋緊扭力同時，手握持之電動馬達本體產生

大小相等但方向相反的扭矩作用，此時出力軸為單純扭矩作用，此因馬達出力軸扭轉作用符合以下條件：

(1) 出力軸(套筒桿)為均勻材質。

(2) 軸受扭轉產生應力與變化在容許限度內(大於螺帽鎖緊扭力)。

(3) 軸受扭轉，長度不變且為一直線。

(4) 軸受扭轉其橫截面仍保平面無翹曲現像。

(5) 扭拒作用面與軸線垂直。

由於電動馬達出力軸在單位時間轉動功率為：

$$p = \frac{T \times \theta}{t} = T \times W \quad\quad\quad ⑥$$

p =功率， T =軸受力， θ 軸在 t 時間內轉過的角度

ω =軸轉動平均角速度，若 ω 單位為弧度／秒(rad/sec)； N 表示 rpm，

則 $\omega = \frac{2\pi N}{60}$ 代入③式，可改為 $p = \frac{2\pi NT}{60}$ .... ⑦

本公式使用工程常用公制馬力功率 1ps = 75N-m / sec =736watt 單位

將實驗電動馬達數據代入⑦式

$$p = \frac{2\pi NT}{60} \quad , \quad 250 = \frac{2 \times 3.14 \times 60 \times T}{60} \quad 得 \ T = 4kg\text{-}m(40N\text{-}m)$$

因此經二次減速比 TV =6 ，其電動馬達出力軸為 T =24kg-m，大於表 4-2 所列之實驗鋼圈螺帽旋鬆扭力值，其產生之電動馬達殼體逆扭轉功率現象，如圖 4-8 所示(圖示為螺帽旋鬆瞬間扭力輸出，且於無衝擊式及低電壓高扭力比受阻抗條件下，產生之電動馬達殼體逆扭轉狀態)。

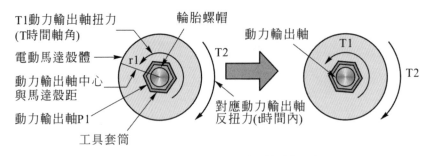

圖 4-8　電動馬達殼體產生逆扭轉功率

圖 4-8 圖示說明：

  T1 = 動力輸出軸 P1 扭力

  T2 = 對應動力輸出軸反扭力

  T1>T2 = 動力輸出軸旋轉螺帽

  T1<T2 = 動力輸出軸旋轉螺帽之反向扭力產生

  P1=T1，T1 =T2：手持電動馬達與動力輸出軸扭力兩相平衡抵消

如圖 4-9 所示，在無衝擊式及低電壓高扭力條件下，電動馬達殼體以抗反扭力套筒對抗逆扭轉功率之狀態(圖示為螺帽旋鬆瞬間扭力輸出)。

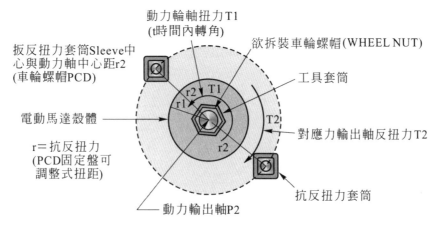

圖 4-9　以抗反扭力套筒對抗電動馬達殼體逆扭轉功率

圖 4-9 圖示說明：

  T1 = 動力輸出軸 P1 扭力

  T2 = 對應動力輸出軸反扭力

  T1>T2 = 動力輸出軸旋轉螺帽

  T1<T2 = 動力輸出軸旋轉螺帽之反向扭力產生

  P2 = T2 = r2：電動馬達抗反扭力套筒(Sleeve)與動力軸輸出旋轉扭力兩相平衡抵消。

　　本章敘述創意作成實品歷程與實驗成品方法，可以讓讀者瞭解到一件商品能夠從創意點子開始到量產行銷嘉惠消費者，其間經歷與過程令人讚歎，因為每一環節皆有專屬的學理知識與技術經驗根據與支持，也正道出了中國人常說的「事事洞明皆學問，人情練達即文章」的智慧格言。

　　經由之前各章內容說明創新與創意內裏包涵後，對於本身智慧創出之靈感點子一路發展下來之結晶成果 Know-How，是否應尋求保護？下一章將介紹，當我們透過自己腦袋到口袋活動後的 Know-How 所創生出來具經濟價值之成功創作實品，可以經由尋找適當的的路徑與方法保護之。

問題與討論

1. 在將創意做成實品的過程中，需要哪些步驟程序？

2. 承上題，如不想按照建議步驟程序過程，可有其他方法？為什麼選用此方法？

3. 實品做成的實驗過程中，需要考慮哪些條(要)件？請說明其理由。

4. 實驗方法在實品創作過程中，有何價值？請說明原由。

5. 請學習者將自己興趣且已決定名稱的靈感創意點子，依本章建議方式予以列出其步驟、程序，並請指導者分析講評(例如可行性、進步性、創意性、安全性、價值性……等)。

5

創意智慧財產權益保障

一、申請智慧財產權益保護—專利申請程序

二、認識中華民國專利法

三、瞭解專利審查基準

四、輔助性的保護—著作權法

五、輔助性的保護—營業祕密法

對於自己的智慧經由無形靈感創意產生並創作成實品原型,且予以實驗證明可行的辛苦歷程付出結果,屬於一種有形財產。在典章制度完備的自由民主先進國家,政府對每一個人民經合法程序辛勤努力獲得的任何有形創新作品和無形的思想知識皆給予充分保障,並努力建構一個實質正義的社會安全環境,高水準生活品質與促進公平競爭又祥和的國家進步動力。

基於上述,每一位國民在自己的國家,皆公平地享有政府所訂定法令規章文字與非文字法律精神意涵所包括之任何權益保障。因此,本書探討之「創意與創新」的所有有形創作成品和無形的思想知識與經驗自然地屬於被保護範圍。

由此,對創新與創意活動具有興趣的讀者,理所當然地享有被公平且實質的保護。「專利法」及其「施行細則」的實施目的即在此。

但政府基於公平正義原則,也必須對應地訂定一套公平合理便民程序與服務流程,讓每一位國民之創意活動或創新作品被保障機會均等,而「專利審查基準」即基此立意訂定。

另本書內所有提及之創意與創新、創作、靈感及點子等名詞,皆屬每一位國民之知識經驗之綜合智慧能力(Know-How),亦屬每一個人(個體)的有形或無形財產之一,也同時受「著作權法」及其施行細則之保護。

因此,本章對上述各法令擬作做一簡單扼要說明,以使與之前各章節意旨相連結而有一連貫脈絡地瞭解本書敘寫宗旨而能從本書中獲得更上層次的創意靈感與創新成就。

一、申請智慧財產權益保護—專利申請程序

(一) 符合對象機關

依據中華民國九十年十月二十四日總統令華總一義字第九〇〇〇二〇六四九〇號公布及為配合我國加入世界貿易組織之「專利法」部分條文修正案,於九十一年一月一日施行之「專利法」第三條規定,專利必須經向專利法施行之「主管機關經濟部指定專責機關辦理」,目前為智慧財產局負責服務。

最近乙次「專利法」修正日期為民國 103 年 1 月 3 日,公布施行日期於民國 103 年 1 月 22 日。

(二) 符合身份資格條件

　　第五條界定並釋義申請專利人專利申請權,其意係指得依法申請專利之權利。又稱專利申請權人,除專利法另有規定或契約另有訂定外,明定為「發明人、新型創作人、設計人或其受讓人或繼承人」。其身份依「專利法施行細則」規定可為自然人(個人)與法人(公司企業學校等)及第十一條規定得委任專利代理人申請專利及辦理有關專利事項,該委任之專利代理人需具專利師資格者。

　　第六至十條文規定與專利申請權及專利權讓與或繼承(第六條)利益、或利害關係之人的身份資格條件之權利義務關係與範圍及權限,例如受僱人職務上或非職務上發明專利之歸屬,保障變更權利。

(三) 符合申請聲明種類

　　例如,依 103 年 1 月 22 日公布之「專利法」第 2 條規定分為下列三種:

1. 發明專利。
2. 新型專利。
3. 設計專利。

(四) 符合專利要件與規定之申請內容文書及格式與程式

　　由於發明,係「指利用自然法則之技術思想之創作」,因此需符合申請規定要件。

　　例如,第二十四條規定,下列各款不予「發明」專利:

1. 動植物及生產動植物之主要生物學方法。但微生物學之生產方法,不在此限。
2. 人類或動物之診斷、治療或外科手術方法。
3. 妨害公共秩序或善良風俗者。
4. 再如第二十五條規定,申請發明專利文書內容格式與程式。

　　　申請發明專利,由專利申請權人備具申請書、說明書、申請專利範圍、摘要及必要之圖式,向專利專責機關申請之。

　　　申請發明專利,以申請書、說明書、申請專利範圍及必要之圖式齊備之日為申請日。

　　　說明書、申請專利範圍及必要之圖式未於申請時提出中文本,而以外文本提出,且於專利專責機關指定期間內補正中文本者,以外文本提出之日為申請日。

未於前項指定期間內補正中文本者，其申請案不予受理。但在處分前補正者，以補正之日為申請日，外文本視為未提出。

5. 第二十六條專利說明書之內容項目包含：發明專利權舉發、不予專利、第 4 項及新型專利權舉發

說明書應明確且充分揭露，使該發明所屬技術領域中具有通常知識者，能瞭解其內容，並可據以實現。

申請專利範圍應界定申請專利之發明；其得包括一項以上之請求項，各請求項應以明確、簡潔之方式記載，且必須為說明書所支持。

摘要應敘明所揭露發明內容之概要；其不得用於決定揭露是否充分，及申請專利之發明是否符合專利要件。

說明書、申請專利範圍、摘要及圖式之揭露方式，於本法施行細則定之。

6. 第二十七條申請生物材料之發明專利

申請生物材料或利用生物材料之發明專利，申請人最遲應於申請日將該生物材料寄存於專利專責機關指定之國內寄存機構。但該生物材料為所屬技術領域中具有通常知識者易於獲得時，不須寄存。

申請人應於申請日後四個月內檢送寄存證明文件，並載明寄存機構、寄存日期及寄存號碼；屆期未檢送者，視為未寄存。

前項期間，如依第二十八條規定主張優先權者，為最早之優先權日後十六個月內。

申請前如已於專利專責機關認可之國外寄存機構寄存，並於第二項或前項規定之期間內，檢送寄存於專利專責機關指定之國內寄存機構之證明文件及國外寄存機構出具之證明文件者，不受第一項最遲應於申請日在國內寄存之限制。

申請人在與中華民國有相互承認寄存效力之外國所指定其國內之寄存機構寄存，並於第二項或第三項規定之期間內，檢送該寄存機構出具之證明文件者，不受應在國內寄存之限制。

第一項生物材料寄存之受理要件、種類、型式、數量、收費費率及其他寄存執行之辦法，由主管機關定之。

7. 第二十八條訂定「優先權制度」，以明確申請人就相同發明於我國相互承認優先權之國家或世界貿易組織會員國第一次依法申請專利及其於申請專利之日後十二個月內向中華民國申請專利者，得主張優先權。第二十九條訂定「未主張優先權」之行政程序與權益界定；第三十條規定「主張優先權」之權利內容；第三十一條規定二人以上相同專利權舉發之權利界定；第三十二條規定「發明專利權舉發」，即「同一人」就相同創作，於同日分別申請發明專利及新型專利者，應於申請時分別聲明；其發明專利核准審定前，已取得新型專利權，專利專責機關應通知申請人限期擇一；申請人未分別聲明或屆期未擇一者，不予發明專利。申請人依前項規定選擇發明專利者，其新型專利權，自發明專利公告之日消滅。發明專利審定前，新型專利權已當然消滅或撤銷確定者，不予專利。

(五) 符合專利專責機關對於專利申請案之審查原則

第三十三條規定

申請發明專利，應就每一發明提出申請。

二個以上發明，屬於一個廣義發明概念者，得於一申請案中提出申請。

第三十四條

申請專利之發明，實質上為二個以上之發明時，經專利專責機關通知，或據申請人申請，得為分割之申請。分割申請應於下列各款之期間內為之：

一、原申請案再審查審定前。

二、原申請案核准審定書送達後三十日內。但經再審查審定者，不得為之。

分割後之申請案，仍以原申請案之申請日為申請日；如有優先權者，仍得主張優先權。

分割後之申請案，不得超出原申請案申請時說明書、申請專利範圍或圖式所揭露之範圍。

依第二項第一款規定分割後之申請案，應就原申請案已完成之程序續行審查。

依第二項第二款規定分割後之申請案，續行原申請案核准審定前之審查程序；原申請案以核准審定時之申請專利範圍及圖式公告之。

第三十五條

發明專利權經專利申請權人或專利申請權共有人，於該專利案公告後二年內，依第七十一條第一項第三款規定提起舉發，並於舉發撤銷確定後二個月內就相同發明申請專利者，以該經撤銷確定之發明專利權之申請日為其申請日。

依前項規定申請之案件，不再公告。

(六) 符合發明專利之審查及再審查程序

專利法第二章第一節規定專利要件，即發明專利權舉發，計二十四條文；第二節規定申請程序格式條件，自第二十五條至第三十五條文規範說明；自第三十六條至五十一條文之第三節敘述審查及再審查要件、行為、方式，期間與發明之保密事項；第四節規範發明專利權之效力期間核定與延長舉發之要件；第五節第八十七至九十一條文專章規範強制授權之要件事由；第六節第九十二至九十五條文規定納費標準；第七節之第九十六至一零三條文規範損害賠償及訴訟。

(七) 符合公告期滿正式核予發明專利權並發給證書

專利法第四十七條(審定公告)

申請專利之發明經審查認無不予專利之情事者，應予專利，並應將申請專利範圍及圖式公告之。

經公告之專利案，任何人均得申請閱覽、抄錄、攝影或影印其審定書、說明書、申請專利範圍、摘要、圖式及全部檔案資料。但專利專責機關依法應予保密者，不在此限。

(因限於篇幅，以上扼要列舉之申請程序以發明專利為例，對於新型與新式樣專利，讀者可參考本書附錄中之專利法條文內容，或上網進入經濟部智慧財產局網站，網址：http://www.tipo.gov.tw/。)

二、認識中華民國專利法

我國專利法分五章一五九條條文，內含第一章總則、第二章發明專利計七節、第三章新型專利、第四章新式樣專利、第五章附則等五部分(章)。最初始之專利法於民國三十三年五月二十九日由國民政府制定公布全文 133 條，至三十八年一月一日施行，歷經民國

48、49、68、75、83、86、90、92、99、100、102、103 年 12 次修正。並經立法院完成修正審議後，由總統令頒公布。

立法院為配合我國加入世界貿易組織之「專利法」迭次部分條文修正，於最新一次修法於 103 年 01 月 22 日立法審議通過，行政院於 103 年 03 月 24 日令發公布施行。

此法大幅修正利益跟進及配合世界先進國家科技研發之強勢潮流，得以充分保障國人於世界貿易商戰戰場利益，以及保護個人或公司企業之寶貴創意不被仿冒、剽竊而危及個人或公司甚至國家生存命脈權益。

綜觀我國專利法全文，顯示出幾個重要立法精神與方向，例如：

1. 明確保障當事人權益—明定「始日不計算」與「即日」之計算。
2. 更明確定義「專利新穎性、進步性及創作性」之內涵。
3. 不將規費之繳納，作為取得申請日之要件。
4. 避免現行實務上執行所生之爭議，明確規範專利說明書記載、補充、修正、更正之規定。
5. 明確列舉不予專利之法定事由，使得專利審查人員及申請人有所遵循。
6. 廢除異議程序，使得提起異議事由納入舉發事由中，以保留原有公眾審查之精神，達到簡化專利行政爭訟層級，使權利及早確定。
7. 專利權一經核准即可繳費領證，自公告之日起取得專利權。
8. 明定申請案一經審定即可繳納規費，取得專利權。
9. 採用貿易有關之智慧財產權協定(TRIPs)第二十八條規定，專利權人得禁止第三人未經其同意製造、使用、為販賣之要約(Offering For Sale)亦為專利權效力所及。
10. 增訂舉發審查程序規定。
11. 廢除專利物品之標示及刑罰規定。
12. 修正專利權人專利年費之減免規定。
13. 增訂涉侵權訴訟之舉發案專利專責機關得優先審查。
14. 參考世界主要國家新型專利審查制度，將新型專利改採形式審查制以符合早期賦予申請人權利之需求。
15. 將新型專利改採形式審查，訂定新型專利技術報告制度，以防止新型專利權人利用形式審查制而濫用行使權利及明定任何人於新型專利公告後均可向專利專責機關申請新型專利技術報告，建構公眾審查監督機制。

16. 廢除新型專利及新式樣專利之刑罰規定。

當專利法律以文字呈現，即為「有時而窮」之際，為了明確定義，因此立法機關通常授權行政機關於不逾越母法立法精神下，作適當之文字補充說明，使法意更清楚明顯，「施行細則」即是以行政權訂定之文字敘述，目的在政策施行之順暢公平與合理，以發揮最佳行政效率，嘉惠人民，保障權益。

專利法施行細則共計五十二條，於民國八十三年十月三日由行政院濟部修正發布全文。讀者可上網進入經濟部智慧財產局網站，網址同前節所述。

三、瞭解專利審查基準

專利法全文實施，其重要立法精神與方向，包含如前二節「認識專利法」所述之 2. 所舉「更明確定義『專利新穎性、進步性及創作性』之內涵」項，此即為專利專責機關經濟部智慧財產局訂定「專利審查基準」之依據。

此基準，目的作為專利專責機關審查對所有申請專利案件之基本審查項目，可供審查委員審案依據與做為專利申請人撰寫專利說明書、必要圖式及申請專利範圍等之公文書稿之範式，避免政府機關與人民因不同思維作法、程序步驟而造成誤會、隔閡，而擴及專利權申請人之權益受損害。

謹簡要摘錄專利審查基準之部份內容提供參考，詳細內容請參閱本書附錄，或讀者上網進入經濟部智慧財產局網站查詢，網址同前節所述。

(一) 發明專利之定義

1. 依專利法第 21 條規定

   「稱發明者，指利用自然法則之技術思想之創作」之意旨，可予定義發明係利用自然法則所產生的技術思想，表現在物或方法或物的用途上者。

   (1) 物的發明：例如具有一定空間之機器、裝置或產品等。如下圖示之改良後之拆胎電氣馬達原型工具。

圖 5-1　改良之電氣馬達輪胎拆卸器

(2)　方法發明：

產品的製造方法：例如下圖示，以電氣馬達原型工具拆卸輪胎螺帽的方法，使用具有對抗電動馬達反扭力及增益出力軸扭力之抗反扭力套筒裝置。

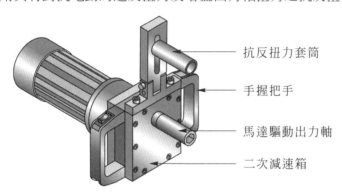

抗反扭力套筒

手握把手

馬達驅動出力軸

二次減速箱

圖 5-2　電氣馬達拆胎工具

上述「方法發明」之方法，係指為產生具體且非抽象的結果，所施予之一系列的動作、過程、操作或步驟而言。

凡不屬於下列第 2 節「非屬發明之類型」，又非屬於新型或新式樣設計之創作者，原則上可視為「發明」。

2.　非屬發明之類型

申請專利之標的不符專利法第 21 條定義之發明專利權舉發者，均屬本節之非屬發明之類型，其大致可歸納如下項目：

自然法則本身；

單純的發現；

違反自然法則者；

非利用自然法則者；

非有技術思想者。

以上各項，其定義如下：

(1) 自然法則本身

發明應為利用自然法則之技術思想之創作，以解決技術課題，達成所期待的發明目的，故諸如能量不滅定律，萬有引力定律等自然法則，本身並未被利用而表現成發明之技術內容，故非屬創作，不屬於發明之類型。

(2) 單純的發現

因創作係「發明」之一大要素，故如「礦石」等天然物及自然現象之發現等，並無創作行為，亦非利用自然法則之技術思想之創作，而僅為一種「發現」行為，是以非屬發明之類型，例如「永動式電磁馬達」；因人類的勤勞之創作行為，而自天然物分離所得之物質，例如「生質柴油」，則屬於經由創作行為而得之「發明」。亦即，凡將所發現的自然現象，改換成可供產業上利用之技術思想之創作，則屬於經由創作行為而得之「發明」，並非僅為一種發現行為，例如「海浪湧動發電」。

(3) 違反自然法則者

(4) 非利用自然法則者

發明之技術內容雖有非利用自然法則之部分，然從該發明之整體上可判斷成有利用自然法則時，則應將該發明視為利用自然法則之發明。欲判斷在何種情形下，發明整體上有利用自然法則者，須考慮其技術之特性，而加以判斷。

(5) 非有技術思想者

技能(純依個人之天分及熟練程度方能達成者)非屬發明之類型。但若資訊之揭示(揭示本身、揭示手段或揭示方法等)具有技術思想及特徵者，則屬於發明之類型。

例如，動力機機械內燃機用之檢測儀器，於測試時可將故障原因呈現於畫面方法。因測試結果之畫面呈現方法本身，具有技術思想及特徵，故非為單純資訊之揭示。

單純美術之創作物，例如繪畫、雕刻等創作物，與技術思想無關，故非屬發明之類型。

3. 法定不予發明專利之項目

參考本章一之(四)符合專利要件與規定之內容文書及格式一節說明。依專利法第二十四條定義，下列三款不予發明專利：

(1) 動、植物及生產動植物之主要生物學方法，但微生物學之生產方法不在此限。

(2) 人類或動物疾病之診斷、治療或外科手術方法。

(3) 發明妨害公共秩序或善良風俗者。

以上每一項對發明專利之定義，專責機關智慧財產局，列有類項詳細舉例說明，擬不再贅述之，讀者可上網進入經濟部智慧財產局網站，網址同前節所述。

(二) 新型專利之定義

1. 專利法第三章新型專利第一○四條規定：

「新型，指利用自然法則之技術思想，對物品之形狀、構造或組合之創作」。

2. 其次第一零五條規定不予新型專利限制

新型有妨害公共秩序或善良風俗者，不予新型專利。

3. 新型專利之申請依第一○六條文規定：

申請新型專利，由專利申請權人備具申請書、說明書、申請專利範圍、摘要及圖式，向專利專責機關申請之。

申請新型專利，以申請書、說明書、申請專利範圍及圖式齊備之日為申請日。

說明書、申請專利範圍及圖式未於申請時提出中文本，而以外文本提出，且於專利專責機關指定期間內補正中文本者，以外文本提出之日為申請日。

未於前項指定期間內補正中文本者，其申請案不予受理。但在處分前補正者，以補正之日為申請日，外文本視為未提出。

(三) 設計專利之定義

專利法第四章規定「設計專利」內涵，其中第一百二十一條內容規定

設計，指對物品之全部或部分之形狀、花紋、色彩或其結合，透過視覺訴求之創作。

應用於物品之電腦圖像及圖形化使用者介面，亦得依本法申請設計專利。

第一百二十二條此條文為消極要件，其規定內容如下：

可供產業上利用之設計，無下列情事之一，得依本法申請取得設計專利：

一、申請前有相同或近似之設計，已見於刊物者。

二、申請前有相同或近似之設計，已公開實施者。

三、申請前已為公眾所知悉者。

設計雖無前項各款所列情事，但為其所屬技藝領域中具有通常知識者依申請前之先前技藝易於思及時，仍不得取得設計專利。

申請人有下列情事之一，並於其事實發生後六個月內申請，該事實非屬第一項各款或前項不得取得設計專利之情事：

一、因於刊物發表者。

二、因陳列於政府主辦或認可之展覽會者。

三、非出於其本意而洩漏者。

申請人主張前項第一款及第二款之情事者，應於申請時敘明事實及其年、月、日，並應於專利專責機關指定期間內檢附證明文件。

第一百二十三條

申請專利之設計，與申請在先而在其申請後始公告之設計專利申請案所附說明書或圖式之內容相同或近似者，不得取得設計專利。但其申請人與申請在先之設計專利申請案之申請人相同者，不在此限。

第一百二十四條

下列各款，不予設計專利：

一、純功能性之物品造形。

二、純藝術創作。

三、積體電路電路布局及電子電路布局。

四、物品妨害公共秩序或善良風俗者。

第一百二十五條

申請設計專利，由專利申請權人備具申請書、說明書及圖式，向專利專責機關申請之。

申請設計專利，以申請書、說明書及圖式齊備之日為申請日。

說明書及圖式未於申請時提出中文本，而以外文本提出，且於專利專責機關指定期間內補正中文本者，以外文本提出之日為申請日。

未於前項指定期間內補正中文本者，其申請案不予受理。但在處分前補正者，以補正之日為申請日，外文本視為未提出。

第一百二十六條

說明書及圖式應明確且充分揭露，使該設計所屬技藝領域中具有通常知識者，能瞭解其內容，並可據以實現。

說明書及圖式之揭露方式，於本法施行細則定之。

第一百二十七條

同一人有二個以上近似之設計，得申請設計專利及其衍生設計專利。

衍生設計之申請日，不得早於原設計之申請日。

申請衍生設計專利，於原設計專利公告後，不得為之。

同一人不得就與原設計不近似，僅與衍生設計近似之設計申請為衍生設計專利。

第一百二十八條

相同或近似之設計有二以上之專利申請案時，僅得就其最先申請者，准予設計專利。但後申請者所主張之優先權日早於先申請者之申請日者，不在此限。

前項申請日、優先權日為同日者，應通知申請人協議定之；協議不成時，均不予設計專利。其申請人為同一人時，應通知申請人限期擇一申請；屆期未擇一申請者，均不予設計專利。

各申請人為協議時，專利專責機關應指定相當期間通知申請人申報協議結果；屆期未申報者，視為協議不成。

前三項規定，於下列各款不適用之：

一、原設計專利申請案與衍生設計專利申請案間。

二、同一設計專利申請案有二以上衍生設計專利申請案者，該二以上衍生設計專利申請案間。

第一百二十九條

申請設計專利，應就每一設計提出申請。

二個以上之物品，屬於同一類別，且習慣上以成組物品販賣或使用者，得以一設計提出申請。

申請設計專利，應指定所施予之物品。

第一百三十條

申請專利之設計，實質上為二個以上之設計時，經專利專責機關通知，或據申請人申請，得為分割之申請。

分割申請，應於原申請案再審查審定前為之。

分割後之申請案，應就原申請案已完成之程序續行審查。

第一百三十一條

申請設計專利後改請衍生設計專利者，或申請衍生設計專利後改請設計專利者，以原申請案之申請日為改請案之申請日。

改請之申請，有下列情事之一者，不得為之：

一、原申請案准予專利之審定書送達後。

二、原申請案不予專利之審定書送達後逾二個月。

改請後之設計或衍生設計，不得超出原申請案申請時說明書或圖式所揭露之範圍。

第一百三十二條

申請發明或新型專利後改請設計專利者，以原申請案之申請日為改請案之申請日。

改請之申請，有下列情事之一者，不得為之：

一、原申請案准予專利之審定書、處分書送達後。

二、原申請案為發明，於不予專利之審定書送達後逾二個月。

三、原申請案為新型，於不予專利之處分書送達後逾三十日。

改請後之申請案，不得超出原申請案申請時說明書、申請專利範圍或圖式所揭露之範圍。

第一百三十三條

說明書及圖式，依第一百二十五條第三項規定，以外文本提出者，其外文本不得修正。

第一百二十五條第三項規定補正之中文本，不得超出申請時外文本所揭露之範圍。

第一百三十四條

設計專利申請案違反第一百二十一條至第一百二十四條、第一百二十六條、第一百二十七條、第一百二十八條第一項至第三項、第一百二十九條第一項、第二項、第一百三十一條第三項、第一百三十二條第三項、第一百三十三條第二項、第一百四十二條第一項準用第三十四條第四項、第一百四十二條第一項準用第四十三條第二項、第一百四十二條第一項準用第四十四條第三項規定者，應爲不予專利之審定。

第一百三十五條

設計專利權期限，自申請日起算十二年屆滿；衍生設計專利權期限與原設計專利權期限同時屆滿。

第一百三十六條

設計專利權人，除本法另有規定外，專有排除他人未經其同意而實施該設計或近似該設計之權。

設計專利權範圍，以圖式爲準，並得審酌說明書。

第一百三十七條

衍生設計專利權得單獨主張，且及於近似之範圍。

第一百三十八條

衍生設計專利權，應與其原設計專利權一併讓與、信託、繼承、授權或設定質權。

原設計專利權依第一百四十二條第一項準用第七十條第一項第三款或第四款規定已當然消滅或撤銷確定，其衍生設計專利權有二以上仍存續者，不得單獨讓與、信託、繼承、授權或設定質權。

第一百三十九條

設計專利權人申請更正專利說明書或圖式，僅得就下列事項爲之：

一、誤記或誤譯之訂正。

二、不明瞭記載之釋明。

更正，除誤譯之訂正外，不得超出申請時說明書或圖式所揭露之範圍。

依第一百二十五條第三項規定，說明書及圖式以外文本提出者，其誤譯之訂正，不得超出申請時外文本所揭露之範圍。

更正，不得實質擴大或變更公告時之圖式。

第一百四十條

設計專利權人非經被授權人或質權人之同意，不得拋棄專利權。

第一百四十一條

設計專利權有下列情事之一，任何人得向專利專責機關提起舉發：

一、違反第一百二十一條至第一百二十四條、第一百二十六條、第一百二十七條、第一百二十八條第一項至第三項、第一百三十一條第三項、第一百三十二條第三項、第一百三十三條第二項、第一百三十九條第二項至第四項、第一百四十二條第一項準用第三十四條第四項、第一百四十二條第一項準用第四十三條第二項、第一百四十二條第一項準用第四十四條第三項規定者。

二、專利權人所屬國家對中華民國國民申請專利不予受理者。

三、違反第十二條第一項規定或設計專利權人為非設計專利申請權人者。

以前項第三款情事提起舉發者，限於利害關係人始得為之。

設計專利權得提起舉發之情事，依其核准審定時之規定。但以違反第一百三十一條第三項、第一百三十二條第三項、第一百三十九條第二項、第四項、第一百四十二條第一項準用第三十四條第四項或第一百四十二條第一項準用第四十三條第二項規定之情事，提起舉發者，依舉發時之規定。

第一百四十二條

第二十八條、第二十九條、第三十四條第三項、第四項、第三十五條、第三十六條、第四十二條、第四十三條第一項至第三項、第四十四條第三項、第四十五條、第四十六條第二項、第四十七條、第四十八條、第五十條、第五十二條第一項、第二項、第四項、第五十八條第二項、第五十九條、第六十二條至第六十五條、第六十八條、第七十條、第七十二條、第七十三條第一項、第三項、第四項、第七十四條至第七十八條、第七十九條第一項、第八十條至第八十二條、第八十四條至第八十六條、第九十二條至第九十八條、第一百條至第一百零三條規定，於設計專利準用之。

第二十八條第一項所定期間，於設計專利申請案為六個月。

第二十九條第二項及第四項所定期間，於設計專利申請案為十個月。

第五章　附則

第一百四十三條

專利檔案中之申請書件、說明書、申請專利範圍、摘要、圖式及圖說，應由專利專責機關永久保存；其他文件之檔案，最長保存三十年。

前項專利檔案，得以微縮底片、磁碟、磁帶、光碟等方式儲存；儲存紀錄經專利專責機關確認者，視同原檔案，原紙本專利檔案得予銷毀；儲存紀錄之複製品經專利專責機關確認者，推定其為真正。

前項儲存替代物之確認、管理及使用規則，由主管機關定之。

第一百四十四條

主管機關為獎勵發明、新型或設計之創作，得訂定獎助辦法。

第一百四十五條

依第二十五條第三項、第一百零六條第三項及第一百二十五條第三項規定提出之外文本，其外文種類之限定及其他應載明事項之辦法，由主管機關定之。

第一百四十六條

第九十二條、第一百二十條準用第九十二條、第一百四十二條第一項準用第九十二條規定之申請費、證書費及專利年費，其收費辦法由主管機關定之。

第九十五條、第一百二十條準用第九十五條、第一百四十二條第一項準用第九十五條規定之專利年費減免，其減免條件、年限、金額及其他應遵行事項之辦法，由主管機關定之。

第一百四十七條

中華民國八十三年一月二十三日前所提出之申請案，不得依第五十三條規定，申請延長專利權期間。

第一百四十八條

本法中華民國八十三年一月二十一日修正施行前，已審定公告之專利案，其專利權期限，適用修正前之規定。但發明專利案，於世界貿易組織協定在中華民國管轄區域內生效之日，專利權仍存續者，其專利權期限，適用修正施行後之規定。

本法中華民國九十二年一月三日修正之條文施行前，已審定公告之新型專利申請案，其專利權期限，適用修正前之規定。

新式樣專利案，於世界貿易組織協定在中華民國管轄區域內生效之日，專利權仍存續者，其專利權期限，適用本法中華民國八十六年五月七日修正之條文施行後之規定。

第一百四十九條

本法中華民國一百年十一月二十九日修正之條文施行前，尚未審定之專利申請案，除本法另有規定外，適用修正施行後之規定。

本法中華民國一百年十一月二十九日修正之條文施行前，尚未審定之更正案及舉發案，適用修正施行後之規定。

第一百五十條

本法中華民國一百年十一月二十九日修正之條文施行前提出，且依修正前第二十九條規定主張優先權之發明或新型專利申請案，其先申請案尚未公告或不予專利之審定或處分尚未確定者，適用第三十條第一項規定。

本法中華民國一百年十一月二十九日修正之條文施行前已審定之發明專利申請案，未逾第三十四條第二項第二款規定之期間者，適用第三十四條第二項第二款及第六項規定。

第一百五十一條

第二十二條第三項第二款、第一百二十條準用第二十二條第三項第二款、第一百二十一條第一項有關物品之部分設計、第一百二十一條第二項、第一百二十二條第三項第一款、第一百二十七條、第一百二十九條第二項規定，於本法中華民國一百年十一月二十九日修正之條文施行後，提出之專利申請案，始適用之。

第一百五十二條

本法中華民國一百年十一月二十九日修正之條文施行前，違反修正前第三十條第二項規定，視為未寄存之發明專利申請案，於修正施行後尚未審定者，適用第二十七條第二項之規定；其有主張優先權，自最早之優先權日起仍在十六個月內者，適用第二十七條第三項之規定。

第一百五十三條

本法中華民國一百年十一月二十九日修正之條文施行前，依修正前第二十八條第三項、第一百零八條準用第二十八條第三項、第一百二十九條第一項準用第二十八條第三項規定，以違反修正前第二十八條第一項、第一百零八條準用第二十八條第一項、第一百二十九條第一項準用第二十八條第一項規定喪失優先權之專利申請案，於修正施行後尚未審定或處分，且自最早之優先權日起，發明、新型專利申請案仍在十六個月內，設計專利申

請案仍在十個月內者，適用第二十九條第四項、第一百二十條準用第二十九條第四項、第一百四十二條第一項準用第二十九條第四項之規定。

本法中華民國一百年十一月二十九日修正之條文施行前，依修正前第二十八條第三項、第一百零八條準用第二十八條第三項、第一百二十九條第一項準用第二十八條第三項規定，以違反修正前第二十八條第二項、第一百零八條準用第二十八條第二項、第一百二十九條第一項準用第二十八條第二項規定喪失優先權之專利申請案，於修正施行後尚未審定或處分，且自最早之優先權日起，發明、新型專利申請案仍在十六個月內，設計專利申請案仍在十個月內者，適用第二十九條第二項、第一百二十條準用第二十九條第二項、第一百四十二條第一項準用第二十九條第二項之規定。

第一百五十四條

本法中華民國一百年十一月二十九日修正之條文施行前，已提出之延長發明專利權期間申請案，於修正施行後尚未審定，且其發明專利權仍存續者，適用修正施行後之規定。

第一百五十五條

本法中華民國一百年十一月二十九日修正之條文施行前，有下列情事之一，不適用第五十二條第四項、第七十條第二項、第一百二十條準用第五十二條第四項、第一百二十條準用第七十條第二項、第一百四十二條第一項準用第五十二條第四項、第一百四十二條第一項準用第七十條第二項之規定：

　　一、依修正前第五十一條第一項、第一百零一條第一項或第一百十三條第一項規定已逾繳費期限，專利權自始不存在者。

　　二、依修正前第六十六條第三款、第一百零八條準用第六十六條第三款或第一百二十九條第一項準用第六十六條第三款規定，於本法修正施行前，專利權已當然消滅者。

第一百五十六條

本法中華民國一百年十一月二十九日修正之條文施行前，尚未審定之新式樣專利申請案，申請人得於修正施行後三個月內，申請改為物品之部分設計專利申請案。

第一百五十七條

本法中華民國一百年十一月二十九日修正之條文施行前，尚未審定之聯合新式樣專利申請案，適用修正前有關聯合新式樣專利之規定。

本法中華民國一百年十一月二十九日修正之條文施行前，尚未審定之聯合新式樣專利申請案，且於原新式樣專利公告前申請者，申請人得於修正施行後三個月內申請改為衍生設計專利申請案。

第一百五十八條

本法施行細則，由主管機關定之。

第一百五十九條

本法之施行日期，由行政院定之。

本法中華民國一百零二年五月三十一日修正之條文，自公布日施行。

四、輔助性的保護—著作權法

(一) 制法意義

我國對全體國民之著作智慧財產權益訂定法律保護，始自民國 17 年 5 月 14 日開始，制定 40 條，於中華民國 17 年 5 月 14 日公布至今，歷經十八次增刪修訂，至民國 103 年 1 月 22 日再修正第五十三條，增訂第六十五、八十之二、八十七及八十七條之一條，於同年 7 月 11 日公布施行之後，以近年國人對他人智慧財產權之尊重與對著作權法遵行度之實施效果等面向觀察，此法尚稱完備。

中國古語形容聖賢為「聖之時者」，法律訂定亦同，能隨著國內社會文化環境變遷與國際社會互動環境改變，及時對未能符合保障全體國民之智慧財產權益之法規律令予以刪修訂正，使法律同具與聖賢教訓一般，不因時間之遞嬗更變影響而使其能夠成為「法之時者」，對百姓而言，實為擁有一效率與效益政府；對著作權興訟案件減少角度看，具有穩定社會安定和諧功能；國民因充分遵守法令使著作人才倍出，創作與創意產出迭增，帶動相關產業欣欣向榮，人民收益增加，人文素養及生活水準提昇，創造社會整體財富與累積國家總體資源，此種綜效，相信對具「法之時者」素養的擬法修法與訂法立法者，是一最佳肯定。

(二) 法條概述

我國迄今實施之著作權法共計八章一百一十七條，其中第四章分為章，刪除條文計十八條；各章安排為第一章總則，第一至四條；第二章著作，第五至九條；第三章著作人及著作權，第十至七十八條，其內容分第一節通則，第十至十之一條；第二節著作人，第十一至十四條；第三節著作人格權，第十五至廿一條；第四節著作財產權，第廿二至七十八條，其內容再細分：

第一款著作財產權之種類(第廿二至廿九之一條)

第二款著作財產權之存續期間(第卅至卅五條)

第三款著作財產權之讓與、行使及消滅(第卅六至四十三條)

第四款著作財產權之限制(第卅三至六十六條)

第五款著作利用之強制授權(第六十七至七十八條)

第四章製版權，第七十九至八十條；第四章之一權利管理電子資訊及防盜拷措施，第八十之一至八十之二條；第五章著作權仲介團體與著作權審議及調解委員會，第八十一至八十三條；第六章權利侵害之救濟，第八十至九十之三條；第七章罰則，第九十一至一○四條；第八章附則，第一○五至一一七條。

著作權法第一條即明定立法目的及適用範圍：「為保障著作人著作權益，調和社會公共利益，促進國家文化發展，特制定本法。本法未規定者，適用其他法律之規定。」；第二條訂定責任區分，主管機關：「本法主管機關為經濟部；著作權業務，由經濟部指定專責機關辦理。」；第三條為將著作權法中之法律用詞之名詞定義與解釋。

其「用詞定義」如下：

1. 著作：指屬於文學、科學、藝術或其他學術範圍之創作。
2. 著作人：指創作著作之人。
3. 著作權：指因著作完成所生之著作人格權及著作財產權。
4. 公眾：指不特定人或特定之多數人。但家庭及其正常社交之多數人，不在此限。
5. 重製：指以印刷、複印、錄音、錄影、攝影、筆錄或其他方法直接、間接、永久或暫時之重複製作。於劇本、音樂著作或其他類似著作演出或播送時予以錄音或錄影；或依建築設計圖或建築模型建造建築物者，亦屬之。
6. 公開口述：指以言詞或其他方法向公眾傳達著作內容。

7. 公開播送：指基於公眾直接收聽或收視為目的，以有線電、無線電或其他器材之廣播系統傳送訊息之方法，藉聲音或影像，向公眾傳達著作內容。由原播送人以外之人，以有線電、無線電或其他器材之廣播系統傳送訊息之方法，將原播送之聲音或影像向公眾傳達者，亦屬之。

8. 公開上映：指以單一或多數視聽機或其他傳送影像之方法於同一時間向現場或現場以外一定場所之公眾傳達著作內容。

9. 公開演出：指以演技、舞蹈、歌唱、彈奏樂器或其他方法向現場之公眾傳達著作內容。以擴音器或其他器材，將原播送之聲音或影像向公眾傳達者，亦屬之。

10. 公開傳輸：指以有線電、無線電之網路或其他通訊方法，藉聲音或影像向公眾提供或傳達著作內容，包括使公眾得於其各自選定之時間或地點，以上述方法接收著作內容。

11. 改作：指以翻譯、編曲、改寫、拍攝影片或其他方法就原著作另為創作。

12. 散布：指不問有償或無償，將著作之原件或重製物提供公眾交易或流通。

13. 公開展示：指向公眾展示著作內容。

14. 發行：指權利人散布能滿足公眾合理需要之重製物。

15. 公開發表：指權利人以發行、播送、上映、口述、演出、展示或其他方法向公眾公開提示著作內容。

16. 原件：指著作首次附著之物。

17. 權利管理電子資訊：指於著作原件或其重製物，或於著作向公眾傳達時，所表示足以確認著作、著作名稱、著作人、著作財產權人或其授權之人及利用期間或條件之相關電子資訊；以數字、符號表示此類資訊者，亦屬之。

18. 防盜拷措施：指著作權人所採取有效禁止或限制他人擅自進入或利用著作之設備、器材、零件、技術或其他科技方法。

前項第 8 點所稱之現場或現場以外一定場所，包含「電影院、俱樂部、錄影帶或碟影片播映場所、旅館房間、供公眾使用之交通工具或其他供不特定人進出之場所」。

第四條明定外國人著作權之取得：「外國人之著作合於下列情形之一者，得依本法享有著作權。但條約或協定另有約定，經立法院議決通過者，從其約定：

一、於中華民國管轄區域內首次發行，或於中華民國管轄區域外首次發行後三十日內在中華民國管轄區域內發行者。但以該外國人之本國，對中華民國人之著作，在相同之情形下，亦予保護且經查證屬實者爲限。

二、依條約、協定或其本國法令、慣例，中華民國人之著作得在該國享有著作權者。」

(三) 著作權法與專利

本書全文以專利之創意與創新爲主軸，對於所發明創作之專利原型實品或專利成品或產品，應適用著作權法中之哪些條文？

第五條規定著作之種類如下：

1. 語文著作。
2. 音樂著作。
3. 戲劇、舞蹈著作。
4. 美術著作。
5. 攝影著作。
6. 圖形著作。
7. 視聽著作。
8. 錄音著作。
9. 建築著作。
10. 電腦程式著作。

「前項各款著作例示內容，由主管機關訂定之。」

如上述，其中之 1.語文著作； 5.攝影著作； 6.圖形著作； 7.視聽著作； 10.電腦程式著作等似較具有關連性，亦即第十條明定「對著作權之取得，著作人於著作完成時享有著作權」。

雖然如此，由於專利法之宗旨爲「爲鼓勵、保護、利用發明與創作，以促進產業發展」(第一條)，是以審查、核准、發證、給予一定期間之特許專有利益保護，而換得公開專利權人之 Know-How(如藥品之製造程序、方法、配方)，以利其他人可以在最新穎與最進步之技術上再創新發明，而促進產業發展，嘉惠國民，厚植國力。因此，第十條之一規定著作權之表達：「依本法取得之著作權，其保護僅及於該著作之表達，而不及於其所表達之

思想、程序、製程、系統、操作方法、概念、原理、發現」，此為專利權與著作權不同之處。

如以此觀察，是否專利之辛勤成果不及於著作權法？答案「不必然是的」，因為，前節曾述及法律應為「法之時者」，但同時受文字「字義之限」，使得法律有另為解釋空間，此部份屬法律專業知識領域，謹此略過，暫不予深入探討。但根據智慧財產權專業法律專家意見，因每一部法律命令規定皆有其特定保護主體及客體(通常在法律第一條文中明確訂定)，建議以熟悉自己所從事智慧活動之法令為主，再認識相關法令為輔方式讓自己的智慧財產權益不致損失或受損害。

依此原則，如以專利智慧為主要生存活動，則其財產權保護以專利法為主，其次以營業秘密保護法(下節簡述)與著作權法及商標法為輔。

五、輔助性的保護─營業秘密法

(一) 制法意義

本法於民國八十五年一月十七日經立法院審議通過後公布實施。其訂定宗旨與目的為「為保障營業秘密，維護產業倫理與競爭秩序，調和社會公共利益，特制定本法。本法未規定者，適用其他法律之規定。」(第一條)。

上述之意，亦即以法律限制各種商業活動之價值行為與道德標準，以文字法律規範行為，在自由經濟領域，無論個人或企業於經營獲利過程中，能以公平合理方式做付出代價與回收報酬活動之際，得到權益維護，以使所有產業互動，皆有共通之商業道德倫理規範以茲遵行，以避免產業間惡性競爭，破壞社會安定，危害社會公共利益之不幸結果產生。

(二) 法條概述

第二條定義「本營業秘密法所稱營業秘密名稱：『係指方法、技術、製程、配方、程式、設計或其他可用於生產、銷售或經營之資訊』。而符合左列要件者：
1. 非一般涉及該類資訊之人所知者。
2. 因其秘密性而具有實際或潛在之經濟價值者。
3. 所有人已採取合理之保密措施者。」

第三條起至第七條規範：受雇人與雇用人／出資人與受聘人；數人共同研究或開發／之職權分際與權利義務及其相互應有之收益依契約關係；數人共同研究或開發者得全部或部分讓與，以及營業秘密所有人之授權內容項目等之收益分際與權利義務契約事項。

第八條則限制營業秘密不得為質權及強制執行之標的。

第九條為規範「公務員因承辦公務而知悉或持有他人之營業秘密者，不得使用或無故洩漏之」及相關「當事人、代理人、辯護人、鑑定人、證人及其他相關之人」之義務：「因司法機關偵查或審理而知悉或持有他人營業秘密者，不得使用或無故洩漏之。仲裁人及其他相關之人處理仲裁事件，準用前項之規定」。

第十條規定「以下之行為者，為侵害營業秘密

1. 以不正當方法取得營業秘密者。
2. 知悉或因重大過失而不知其為前款之營業秘密，而取得、使用或洩漏者。
3. 取得營業秘密後，知悉或因重大過失而不知其為第一款之營業秘密，而使用或洩漏者。
4. 因法律行為取得營業秘密，而以不正當方法使用或洩漏者。
5. 依法令有守營業秘密之義務，而使用或無故洩漏者。」「前項所稱之不正當方法，係指竊盜、詐欺、脅迫、賄賂、擅自重製、違反保密義務、引誘他人違反其保密義務或其他類似方法」。

第十一條規範「營業秘密受侵害時，被害人得請求排除之，有侵害之虞者，得請求防止之。被害人為前項請求時，對於侵害行為作成之物或專供侵害所用之物，得請求銷燬或為其他必要之處置」。

第十二條規定「因故意或過失不法侵害他人之營業秘密者，負損害賠償責任。受侵害時，被害人得請求排除之，有侵害之虞者，得請求防止之。數人共同不法侵害者，連帶負賠償責任。前項之損害賠償請求權，自請求權人知有行為及賠償義務人時起，二年間不行使而消滅；自行為時起，逾十年者亦同」。

第十三條規定「依前條請求損害賠償時，被害人得依左列各款規定擇一請求：

1. 依民法第二百十六條之規定請求。但被害人不能證明其損害時，得以其使用時依通常情形可得預期之利益，減除被侵害後使用同一營業秘密所得利益之差額，為其所受損害。

2 請求侵害人因侵害行爲所得之利益。但侵害人不能證明其成本或必要費用時，以其侵害行爲所得之全部收入，爲其所得利益。依前項規定，侵害行爲如屬故意，法院得因被害人之請求，依侵害情節，酌定損害額以上之賠償。但不得超過已證明損害額之三倍。」

第十四條訂定「法院爲審理營業秘密訴訟案件，得設立專業法庭或指定專人辦理」。

第十五條規範「外國人所屬之國家與中華民國如無相互保護營業秘密之條約或協定，或依其本國法令對中華民國國民之營業秘密不予保護者，其營業秘密得不予保護」。

(三) 營業秘密法與專利

如前述，法定營業秘密之內涵爲「方法、技術、製程、配方、程式、設計或其他可用於生產、銷售或經營之資訊」，且符合以下要件者：

1. 非一般涉及該類資訊之人所知者。
2. 因其秘密性而具有實際或潛在之經濟價值者。
3. 所有人已採取合理之保密措施者。

由此對照專利之權利專屬與排他性質而言，依智財權法專家建議，視自己所欲申請之專利案件是否具有絕對新穎性、進步性與產業利用性(技術成熟性)而定，如果是，暫不申請專利，以免因技術公開而使競爭對手跟進甚至超越自己。因此善用營業秘密法之只要能夠符合其三條件之一，則可以透由營業秘密法保護自己的智慧財產權。

如果爲剛好可過專利申請門檻標準，則以申請專利保護爲宜，並保留少數關鍵技術(例如製程、方法與配方)列入營業秘密，如此可同時受營業秘密法與專利法保護。或者如果已知有遭競爭對手先申請專利之虞者，則先將自己技術內容公開，讓其他人無法申請專利。

上述方法爲營業秘密法與專利之關係，謹藉由法律專家之「靈活運用智慧財產權」建議解釋此二法之異同與其特性供讀者參考。

前節文末筆者曾提及「如以專利智慧爲主要生存活動，則其財產權保護以專利法爲主，其次以營業秘密保護法與著作權法及商標法爲輔」建議，前三法律已簡略敘述，至於「商標法」，其性質同爲智慧財產權法之一環，但其保護宗旨對象內涵期間與權利性質不同，例如其第一條「爲保障商標權及消費者利益，維護市場公平競爭，促進工商企業正常發展，特制定本法」，可以看出此法目的在規範生產或供給者之商品或服務項目歷程之權利義務項，以保護消費者權益爲思維重點，而營業秘密法保護重點在產業競爭對手間之過

程是否符合社會公平正義與合理恰當。如果專利擬由商標法保護，則重點宜在「商品或服務」項，循出兩者皆能保護到的關係條文，本書礙於篇幅限制，無法詳盡敘述之，有興趣之讀者，可上網進入經濟部智慧財產局網站查詢，網址請參閱書後參考資料頁。

問題與討論

1. 請對我國專利申請程序作一簡要說明，並舉出是否有不足之處。

2. 我國專利法暨其施行細則條文，你比較重視哪幾條條文呢？請說明理由。

3. 為何會有專利審查基準？沒有它可以嗎？為什麼？

4. 你認識多少專利權法條文？專利創作可以被此法保護到嗎？請說明自己的見解。

5. 營業秘密法可以保護到專利創作品嗎？請說明自己的分析與見解。

6

創意與創新構想申請專利證書核准例

一、多一套安全的「自動煞止倒溜之車輛煞車系統」(發明證書第 I 177972 號)

二、同時擁有油壓和氣壓煞車系統的汽車(發明證書第 I 250255 號)

三、具有增效功能的重型車輛全氣壓煞車系統(新型證書第 217165 號)

一、多一套安全的「自動煞止倒溜之車輛煞車系統」 (發明證書第 1177972 號)

(一) 創作名稱：自動煞止倒溜之車輛煞車系統

(二) 創作摘要

　　一種自動煞止倒溜之車輛煞車系統，係可併用於既有車輛煞車系統中，主要包括：一釋放煞車之電控泵油迴路、至少一對分別煞止車軸兩側車輪之致動缸、至少一車輪旋向感應器，及一倒溜訊號處理器，其中該對致動缸常保持機械煞止車輪彈力，並可輸入電控泵油迴路之壓力油，以抵銷煞止車輪彈力解除煞車，而倒溜訊號處理器內，設有檔位感應器，撥入空檔時，感應關閉泵送到該對致動缸之壓力油，其餘各進退檔，則感應接通泵送到該對致動缸之壓力油，另使電控泵油迴路受車輛既有加油機構驅控，及倒溜訊號處理器驅控，導通壓力油流入致動缸解除煞車，並受既有煞車機構，及倒溜訊號處理器驅控，將壓力油排出致動缸產生煞車，復在輪胎周圍及車體適當位置，裝設車輪旋向感應器，以隨時感應車輪些微倒轉，傳訊到倒溜訊號處理器，引發作動煞車止溜，直到駕車加油動力充足，不再感應車輪倒轉，才完全推開煞車放行，使任何坡度停車，再開車起步的各階段，車輛本身能自保持煞車，得以防杜只以既有煞車系統維持煞車，於斜坡起步時，因拉放煞車防止倒溜時機不對，造成車輛急遽倒溜，引發倒撞、倒墜等危險，極具自動防止倒溜之安全煞車效果者。

(三) 創作說明

〔發明之範圍〕

　　本發明是有關一種自動煞止倒溜之車輛煞車系統，特別是一種具有隨時感應車輪些微倒轉，自動即時引發作動煞車止溜，直到感應車輪不再反向溜轉，才完全推開煞車放行的車輛煞車系統，得以防杜只仰賴既有煞車系統，於斜坡起步時，因拉放煞車防止倒溜時機不對，造成車輛急遽倒溜，引發倒撞、倒墜等危險，極具自動防止倒溜之安全煞車效果者。

〔發明之背景說明〕

　　自從各種使用燃機動力之車輛發明以來，大大方便了人們交通，也使得城鄉距離因開車縮短時間，而感覺距離不再遙遠，普遍造福了每個人，使這類車輛成為現今人們最普及愛用的主流，也由於現代這類車輛，從電動啟動、燃燒燃料轉變行進動力、駕馭操控，以

致於自行發電充補電力、都有高度自動性，駕駛者只要擔當輕便的操控角色，就可以驅使整台笨重車輛快捷地運載行進，且跟隨著時代進步，各種車輛配備自動化的程度也相對地提高，也難怪日本稱呼我們這種日常普遍使用的車輛為"自動車"，然而美中不足的，現在車輛完全自動化無需人力介入駕駛的時代仍未來臨，還普遍需要經過特別學習才會駕駛，例如在上坡起步車輛，往往是初學開車者，最容易手忙腳亂，且最不易領悟的技巧，如果拉放煞車防止倒溜時機不對，將造成車輛急遽倒溜，引發倒撞、倒墜等危險，造成很多學車者的學習障礙及抱怨。

由此，我們必須先對既有的煞車系統進行一番瞭解，才能明瞭問題所在，目前車輛煞車系統，如圖 6-1 所示，由一套煞車油路 10 及一手煞車結構 30 所組成，由煞車油路 10 將壓力油傳達到各輪煞車來令片 11,12,13,14 上的煞車分泵 15,16,17,18，並以一受煞車總泵踏板 20 踩動的煞車總泵 19，對該油路 10 加壓，產生壓力油流向各煞車分泵 15,16,17,18，使各泵 15,16,17,18 作動，擠壓煞止煞車來令片 11,12,13,14，形成車輪煞止停車或減速，另由手煞車結構 30 以鋼索機械方式煞止後輪或前輪煞車分泵 15,16,17,18 (前輪驅動式車輛)，或煞止傳動軸(後輪驅動式大型車輛)，做為停車、緊急煞車或斜坡起步動力銜接時，確保煞止之用。

由此觀之，既有的車輛煞車系統完全將執行煞車，及釋放煞車時機交由駕駛人操作，因此遇到斜坡停車再起步時，容易因人為因素產生操控失誤，引發倒撞、倒墜等危險，縱使熟精開車技術的駕駛人，也會因為停車時，為免於車輛滑行、移動，必須長時間踩煞車總泵踏板 20，使身體疲勞，難以集中精神使喚手腳進行正確動作，導致潛在交通安全危險，基於對行車高度自動化安全易用的苛求，不難明瞭習見車輛煞車系統仍過於簡單，以致於無法輔助駕駛人，在坡地很智慧地自動止溜，而至於高級車輛普遍裝設的 ABS 防滑煞車系統 50，係針對行進時防鎖死煞車而設，並不具斜坡停車或啟動時，自動煞止倒溜功能。

有鑑於習見車輛駕駛系統有上述使用缺失，本發明人乃積極研究改進之道，經過一番艱辛的發明過程，終於有本發明產生。

〔發明之總論〕

因此，本發明即旨在提供一種自動煞止倒溜之車輛煞車系統，其具有隨時感應車輪些微倒轉，自動即時引發作動煞車止溜，直到感應車輪不再反向溜轉，才完全推開煞車放行的車輛煞車系統，得以防杜只仰賴既有煞車系統，於斜坡起步時，因人為因素拉放煞車防止倒溜時機不對，造成車輛急遽倒溜，引發倒撞、倒墜等危險，極具自動防止倒溜之安全煞車效果，也使自動化駕車的理想更加邁進，此為本發明之主要目的。

又，本發明此種自動煞止倒溜之車輛煞車系統，由於其可隨時偵測車輛倒溜，自動煞車防止倒溜，故駕車到斜坡時，若未加足馬力爬坡駕駛，或粗心放開油門不踩煞車防止車輛倒溜(常見爲上坡前進，或偶有下坡退讓等狀況時，會產生車輛倒溜危險)，本系統即感應些微倒溜，自動啓動煞車，直到加足馬力克服倒溜力量才放行，使駕駛者縱然沒有養成開車爬坡時，利用煞車防止倒溜的習慣，亦不會產生車輛爬坡倒溜危險，且本系統設置一對或二對以上分別煞止車軸兩側車輪之致動缸，常保持機械煞止車輪彈力，須輸入車輛動力帶轉泵送之壓力油，才能抵銷煞止車輪彈力解除煞車，因此當引擎熄火停車同時，即不再有壓力油釋放煞車，系統自動恢復煞止車輪效果，不需駕車者熄火下車前，特別拉起手煞車駐停，即有停車駐煞效果，使開車技巧更簡便，且能減少駕駛長時間開車踩煞車頻繁，加速身體疲勞引發的危險，此爲本發明之又一目的。

再者，本發明此種自動煞止倒溜之車輛煞車系統，可併用於既有車輛煞車系統中，不會有駕駛人踩煞車，本煞車系統卻瞬間失靈干涉操作，反使煞車釋放，導致人車操作衝突的失控危害，縱然本煞車系統釋放煞車油路發生壓力油嚴重洩漏，或發生解除煞車泵送的油壓設備失效等故障，油路中煞止車軸兩側車輪之致動缸，會因缺乏油壓釋放煞車，立即回復機械煞止車輪作用，使車輛無法行駛，強迫車主必須馬上送修，排除煞車漏油故障後，才能繼續使用車輛，反而沒有習見煞車系統在煞車油洩漏時，造成無煞車行車的危險，若本發明煞車系統發生電力故障，只要開啓油路中旁通的緊急開關，就可以由腳踏煞車方式多次踩壓，以釋放本發明之煞車系統，再立即關閉緊急開關，封閉本發明煞車系統釋放車之油壓力，就可以習見煞車系統煞車維持煞車作用暫時行車，恆具保持車輛煞車作用安全功能，此爲本發明之再一目的。

至於本發明之詳細構造、應用原理、作用與功效，則參照下列依附圖所作之說明即可得到完全的了解。

〔圖示元件編號與名稱對照〕

10	煞車油路	50	ABS 防滑煞車系統
11,12,13,14	煞車來令片	60	ABS 控制器
15,16,17,18	煞車分泵	61	管路
19	煞車總泵	70	加油踏板
20	煞車總泵踏板	100	車輛煞車系統
30	手煞車結構	110	電控泵油迴路

111	電動機	215	彈簧
112	釋放煞車油壓泵	216	釋放煞車扳手
113	釋放煞車主控閥	300,310,320,330	車輪旋向感應器
114	蓄壓缸	301	感應齒盤
115	調壓閥	302	非接觸式感應器
116,117	止回閥	400	倒溜訊號處理器
118	緊急開關	401,402,403,404	微動開關
118A	常閉手動開關閥	405,406	電磁線圈
118B	常閉油壓控制閥	407	線圈
200,210	致動缸	408	電開關
211	頂桿	409A,409B,409C,409D	電晶體開關
212	皮膜	500,501	煞車活塞
213	油壓釋放煞車油室	502	電子感應器
214	煞車壓力室	503	傳動軸轉動感應器

〔較佳具體實施例之描述〕

圖 6-1 所示，為習見車輛煞車系統示意圖，其系統結構造成開車煞停技術學習不易，且容易因操作失誤，而在斜坡倒溜等缺失，已如前文所述，此處不再贅述。

圖 6-2 為本發明自動煞止倒溜之車輛煞車系統示意圖，由該圖所示，我們可以得知，本創作之此種自動煞止倒溜之車輛煞車系統 100，係可併用於既有車輛煞車系統中，如圖所示，於車輛各輪保存既有以 ABS 控制器 60 之煞車系統，可特別將兩後輪煞車機制，加裝為本發明自動煞止倒溜之車輛煞車系統 100 之制動作用車輪，兩煞車系統併用，且共同使用煞車總泵 19 之煞車油，且同時受煞車總泵踏板 20 控制，而本發明之煞車系統 100 主要包括：一釋放煞車之電控泵油迴路 110、至少一對分別煞止車軸兩側車輪之致動缸 200,210、至少一車輪旋向感應器 300,310,320,330 及一倒溜訊號處理器 400，該些致動缸 200,210 之具體實施結構容後敘述，而倒溜訊號處理器 400 內，設有檔位感應器(圖中未示，實際較佳位置應設於變速箱內，對應感應檔位附近)。當駕駛駕車撥入空檔時，感應關閉泵送到該對致動缸 200,201 之壓力油，其餘各進退檔，則感應接通壓力油泵送到該對致動缸 200,210 之油路，並使電控泵油迴路 110 受車輛既有加油機構驅控，及倒溜訊號處理器 400 驅控，導通壓力油流入致動缸 200,210 解除煞車，且受既有煞車機構，及倒溜訊號處

理器 400 驅控，將壓力油排出致動缸 200,210 產生煞車，復在輪胎周圍及車體適當位置，裝設車輪旋向感應器 300,310,320,330，以隨時感應車輪開始倒溜，及傳動軸扭變吸收扭力不足以牽動車輪，反將帶轉引擎逆轉熄火前瞬間，該輪之些微倒轉訊號，即時傳訊到倒溜訊號處理器 400，引發作動煞車止溜，直到駕車加油動力充足，不再感應到車輪倒轉，才完全推開煞車放行，使任何坡度停車，再開車起步的各階段，車輛本身能自保持煞車，不會如同習見只以既有煞車系統維持煞車，於斜坡起步時，因拉放手煞車防止倒溜時機不對，造成車輛急遽倒溜，引發倒撞、倒墜等危險，極具自動防止倒溜之安全煞車效果。

　　至於電控泵油迴路 110 詳細構成情形，主要可由一電動機 111 帶轉之釋放煞車油壓泵 112、一釋放煞車主控閥 113、一蓄壓缸 114、一調壓閥 115 及數只分佈於各處的止回閥 116,117 管接成迴路，該泵 112 入油端管接至煞車總泵 19 油室，出油端分設數管路，以分別管接至蓄壓缸 114、釋放煞車主控閥 113 進油端、或並接至原有煞車系統之管路 61，另由該閥 113 出油端管接至致動缸 200,210，並藉由該迴路 110 設置數止回閥 116,117，產生單向限流作用，使壓力油只可在本系統 100 釋放油壓進行煞車時，致動缸 200,210 排洩的壓力油，單向經該閥 113、管路 61 排入既有煞車系統，填補既有煞車系統用油，使本系統 100 煞車作用，又踩控既有煞車系統時，有更多的壓力油增強既有的煞車系統，達到斜坡防滑煞車時，不需重踩就有增強全四輪煞車力的效果，而若踩用既有煞車系統時，因頻繁踩踏加壓的油壓稍大於本系統 100 內油壓時，既有煞車系統增加的壓力油流，就會受該些止回閥 116,117 擋止，無法洩入本系統 100，以封閉保持習見煞車系統油壓壓力，而車輛行進當中，本系統 100 自行會電控該閥 113 關閉管路 61，不再流入既有煞車系統，同時接通該泵 112 通往各致動缸 200,210 油路，使致動缸 200,210 內，一直充滿壓力油釋放煞車，放鬆後輪行駛，而如圖所示，該閥 113 可為三口二位常閉進油口，兩端由電磁導引之方向控制閥，以便接受電力控制，而或該閥 113 為能加以利用，以達成該電控泵油迴路 110 功能之任何一種方向控制閥者。復於本電控泵油迴路 110 對應該閥 113 及各止回閥 116,117 旁，可跨接並設一組緊急開關 118 控制的油路，該組開關 118 可為常閉手動開關閥 118A，並接電力導引之常閉油壓控制閥 118B，於本系統 100 電力導入電動機 111，或電力引導該閥 113 故障，無法泵油導致後車輪鎖死無法行車，經由路上簡單故障檢查，確定為這類電力故障時，可藉由開啟該閥 118A 或該閥 118B 任一只，即可回復腳力踩煞車功能，再立即藉由連續踩放煞車踏板數次，將壓力油由習見煞車系統經該組開關 118，跨過該閥 113 及各止回閥 116,117，引入致動缸 200,210，使致動缸 200,210 受踏踩泵油升高壓力，壓退解除對後輪之煞止時，立即關閉該組開關 118，使致動缸 200,210 內保持封閉

高壓壓力油，以釋放煞車，即能達到可臨時行車的效果。

而其中該對致動缸 200,210 詳細構成情形，可如圖 6-3 所示，其貫穿設有一桿端夾壓煞車活塞 500 之頂桿 211，並於缸內貫穿該桿 211 之中段，橫向固接一皮膜 212，將該些缸 200,212 內空間，隔成一油壓釋放煞車油室 213，及一彈簧 215 頂壓煞車壓力室 214，且該室 213 連通該主控閥 113 來油，由此能常保持機械煞止車輪彈力，並藉由行車時，不斷輸入前述電控泵油迴路 110 經該閥 113 調控之壓力油，以抵銷煞止車輪之彈簧 215 彈力，解除煞車駕駛，復於頂桿 211 夾壓煞車活塞 500 另端，可伸出該些缸 200,210 缸體，加設一釋放煞車扳手 216，以便系統故障時手動釋放煞車，進行駕駛挪車，另在頂桿 211 夾壓煞車活塞 500 對夾邊之另一煞車活塞 501 背端，仍可連通前述 ABS 控制器 60 來油，維繫常用油壓的油壓煞車方式。

而本發明自動煞止倒溜之車輛煞車系統偵測車輛動力及車輪倒轉之實施結構，可如圖 6-4 實施例圖所示，其車輛動力偵測上，係於加油踏板 70 踩踏處周圍適當位置，裝設一感應加油踏板 70 移動之電子感應器 502，復於變速箱輸出軸裝設一傳動軸轉動感應器 503，電子感應器 502 及傳動軸轉動感應器 503 之感應訊號皆傳送到電控泵油迴路 110，以該些車輪旋向感應器 300 偵測車輪倒轉，各車輪旋向感應器 300 皆由車輪旁裝設一感應齒盤 301，並於車輪輪面外圍車殼適當位置，裝設一非接觸式感應器 302 所構成，該齒盤 301 受車輪同步帶轉，且該器 302 可感應該齒盤 301 轉速及正反轉動，於兩線頭端產生電壓波形輸出到倒溜訊號處理器 400，再由該器 400 驅控該電控泵油迴路 110，如圖 6-5 示意圖所示，其感應產生之電波形狀，將隨車速對應產生成波頻變化，例如圖示 L1 波線變成 L2 波線，或 L2 波線變成 L1 波線，且車輪稍有逆轉滑溜時，將產生反向波例如圖示 A 點，到前述倒滑訊號處理器 400，驅動電控泵油迴路 110，自動產生煞車防止車輛倒溜。

至於整體電控之實施，可用圖 6-6 整體順序控制實施例圖表示，前述倒溜訊號處理器 400 內之檔位感應器，即可如圖所示微動開關 401,402(前進檔感應器，微動開關 401 使用於自排車，微動開關 402 可使用於自排車或手排車)及後微動開關 403,404(倒退檔感應器)般佈線設置，而電磁線圈 405,406 分別代表前述煞車主控閥 113 兩端的電磁導引線圈，至於線圈 407 代表上述電動機 111 內之馬達線圈，並受一由調壓閥 115 洩油壓力引導的電開關 408，關閉線圈 407 通電電力，使該泵 112 泵壓過量洩回的壓力油，導引線圈 407 斷電，讓電動機 111 不再驅動該泵 112 泵油，以快速地降至額定油壓，才再啟動電動機 111 帶動泵油，復於倒溜訊號處理器 400 內，設有受各開關 401,402,403,404、電晶體開關 409A,409B,409C,409D 處理車輪旋向感應器 300,310 訊號，感應接通或切斷的繼電器

R1,R2,R3，並由各繼電器 R1,R2,R3 之接點，分別對應前述釋放煞車主控閥 113 側邊導引之電磁線圈 405 控制導通，或另選控制另側只電磁線圈 406 導通，改變該閥 113 對釋放煞車壓力油之管制流向，成為完整之自控煞車，由此在排檔進退時，能將即時偵知車輪微量倒轉的訊號，立即轉變成驅控煞車主控閥 113 的訊號，使車輛倒溜時，能即時煞止。

因此裝設本發明自動煞止倒溜之車輛煞車系統 100，駕車當中的每種可能過程，及所有設想得到的發生狀況，就如圖 6-7 流程示意圖所示，於每個階段，皆有方便可靠，能防止車輛嚴重倒溜穩定的自動煞車功能，且發生故障時，亦不會影響到行車安全。

從上所述可知，本發明之此種自動煞止倒溜之車輛煞車系統，確實具有隨時感應車輪些微倒轉，自動即時引發快速間歇性煞車止溜，直到感應車輪不再反向溜轉，才完全推開煞車放行的車輛煞車系統，得以防杜只仰賴既有煞車系統，於斜坡起步時，因拉放煞車防止倒溜時機不對，造成車輛急遽倒溜，引發倒撞、倒墜等危險，極具自動防止倒溜之安全煞車功效，且未見諸公開使用，合於專利法之規定，懇請賜准專利，實為德便。

須陳明者，以上所述者乃是本發明較佳具體的實施例，若依本發明之構想所作之改變，其產生之功能作用，仍未超出說明書與圖示所涵蓋之精神時，均應在本發明之範圍內，合予陳明。

(四) 圖式簡單說明

附圖者：

圖 6-1 為習見車輛煞車系統示意圖。

圖 6-2 為本發明自動煞止倒溜之車輛煞車系統示意圖。

圖 6-3 為本發明自動煞止倒溜之車輛煞車系統之致動缸結構剖示圖。

圖 6-4 為本發明自動煞止倒溜之車輛煞車系統偵測車輛動力及車輪倒轉之實施例圖。

圖 6-5 為圖 6-4 偵知車輪倒轉速度之波形示意圖。

圖 6-6 為本發明自動煞止倒溜之車輛煞車系統之整體順序控制實施例圖。

圖 6-7 為設有本發明自動煞止倒溜之車輛煞車系統之駕車流程示意圖。

(五) 申請專利範圍

1. 一種自動煞止倒溜之車輛煞車系統，其特徵在於：主要由一釋放煞車之電控泵油迴路、至少一對分別煞止車軸兩側車輪之致動缸、至少一車輪旋向感應器，及一倒溜訊號處理器所構成，其中該對致動缸，常保持機械煞止車輪彈力，並可輸入電控泵油迴路之壓力油，以抵銷煞止車輪彈力解除煞車，而倒溜訊號處理器內，

電控泵油迴路之壓力油，以抵銷煞止車輪彈力解除煞車，而倒溜訊號處理器內，設有檔位感應器，撥入空檔時，感應關閉泵送到該對致動缸之壓力油，其餘各進退檔，則感應接通泵送到該對致動缸之壓力油，另使電控泵油迴路受車輛既有加油機構驅控，倒溜訊號處理器驅控，導通壓力油流入致動缸解除煞車，並受既有煞車機構，及倒溜訊號處理器驅控，將壓力油排出致動缸產生煞車，復在輪胎周圍及車體適當位置，裝設車輪旋向感應器，以隨時感應車輪些微倒轉，傳訊到倒溜訊號處理器，引發作動煞車止溜，直到駕車加油動力充足，不再感應車輪倒轉，才完全推開煞車放行，使任何坡度停車，再開車起步的各階段，車輛本身能自保持煞車，並自動判別執行煞車釋放時機，不會妨礙正常行車，極具自動防止倒溜之安全煞車效果者。

2. 如申請專利範圍第 1 項之自動煞止倒溜之車輛煞車系統，所述電控泵油迴路主要由一電動機帶轉之釋放煞車油壓泵、一釋放煞車主控閥、一蓄壓缸、一調壓閥，及數只分佈於各處的止回閥管接成迴路，該釋放煞車油壓泵入油端管接至煞車總泵油室，出油端分設數管路，以分別管接至蓄壓缸、釋放煞車主控閥進油端、或並接至原有煞車系統之管路，另由釋放煞車主控閥出油端管接至致動缸，並藉由該電控泵油迴路設置數止回閥，產生單向限流作用，使壓力油只可在本自動煞止倒溜之車輛煞車系統釋放油壓進行煞車時，致動缸排洩的壓力油，單向經該煞車主控閥、原有煞車系統之管路排入既有煞車系統，填補既有煞車系統用油，而若踩用既有煞車系統時，因頻繁踩踏加壓的油壓稍大於本自動煞止倒溜之車輛煞車系統內油壓時，既有煞車系統增加的壓力油流，就會受該些止回閥擋止，無法洩入本自動煞止倒溜之車輛煞車系統，以封閉保持習見煞車系統油壓壓力，而車輛行進當中，本自動煞止倒溜之車輛煞車系統自行會電控該釋放煞車閥關閉連通既有煞車系統之管路，不再流入既有煞車系統，同時接通該釋放煞車油壓泵通往各致動缸油路，使各致動缸內，一直充滿壓力油釋放煞車，放鬆後輪行駛者。

3. 如申請專利範圍第 2 項之自動煞止倒溜之車輛煞車系統，所述釋放煞車主控閥為三口二位常閉進油口，兩端由電磁導引之方向控制閥者。

4. 如申請專利範圍第 2 項之自動煞止倒溜之車輛煞車系統，所述電控泵油迴路對應該釋放煞車主控閥及各止回閥旁，跨接並設一組緊急開關控制的油路者。

5. 如申請專利範圍第 4 項之自動煞止倒溜之車輛煞車系統，所述該組緊急開關為一常閉手動開關閥者。

6. 如申請專利範圍第 4 項之自動煞止倒溜之車輛煞車系統，所述該組緊急開關為一電力導引之常閉油壓控制閥者。

7. 如申請專利範圍第 4 項之自動煞止倒溜之車輛煞車系統，所述該組緊急開關為一常閉手動開關閥，並接一電力導引之常閉油壓控制閥者。

8. 如申請專利範圍 1 之自動煞止倒溜之車輛煞車系統，所述該些致動缸貫穿設有一桿端夾壓既有煞車活塞之頂桿，並於該些致動缸內貫穿該頂桿之中段，橫向固接一皮膜，將該些致動缸內空間，隔成一油壓釋放煞車油室，及一彈簧頂壓煞車壓力室，且油壓釋放煞車油室連通主控閥來油，由此能常保持機械煞止車輪彈力，並藉由行車時，不斷或間歇輸入前述電控泵油迴路之壓力油，以抵銷煞止車輪之彈簧彈力，解除煞車駕駛者。

9. 如申請專利範圍 8 之自動煞止倒溜之車輛煞車系統，所述頂桿夾壓既有煞車活塞另端，伸出致動缸體，設有一釋放煞車扳手者。

10. 如申請專利範圍第 1 項之自動煞止倒溜之車輛煞車系統，所述該些車輪旋向感應器，係由對應感應之車輪旁裝設一感應齒盤，該感應齒盤受車輪同步帶轉，並於車輪輪面外圍車殼適當位置，裝設一非接觸式感應器，此非接觸式感應器可對感應齒盤轉速及正反轉動感應，於非接觸式感應器產生電壓波形輸出到倒溜訊號處理器，由倒溜訊號處理器驅控該電控泵油迴路，其感應產生之電波形狀，將隨車速對應產生成波頻變化，且車輪稍有逆轉滑溜時，將產生反向波到倒溜訊號處理器，驅動電控泵油迴路，自動產生煞車防止車輛倒溜者。

11. 如申請專利範圍第 2 項之自動煞止倒溜之車輛煞車系統，所述釋放煞車主控閥為四口二位方向控制閥者。

12. 如申請專利範圍第 2 項之自動煞止倒溜之車輛煞車系統，所述釋放煞車主控閥為五口二位方向控制閥者。

13. 如申請專利範圍第 2 項之自動煞止倒溜之車輛煞車系統，所述釋放煞車主控閥為能加以利用，以達成該電控泵油迴路功能之任何一種方向控制閥者。

圖式：

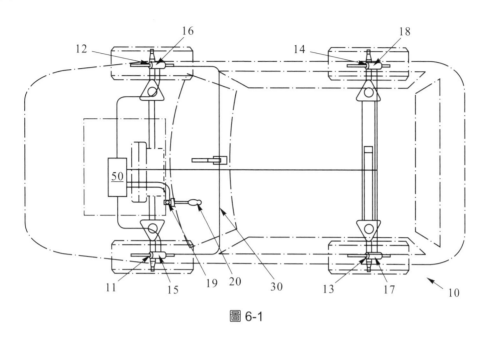

圖 6-1

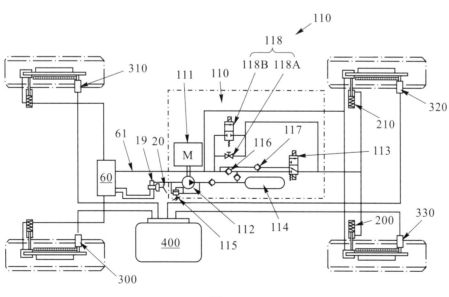

圖 6-2

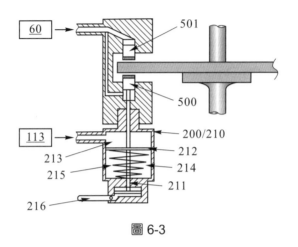

圖 6-3

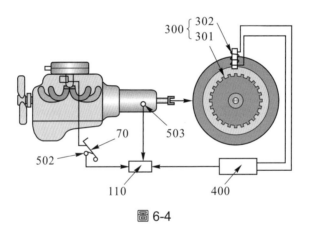

圖 6-4

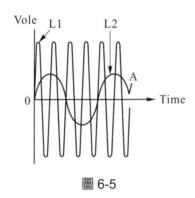

圖 6-5

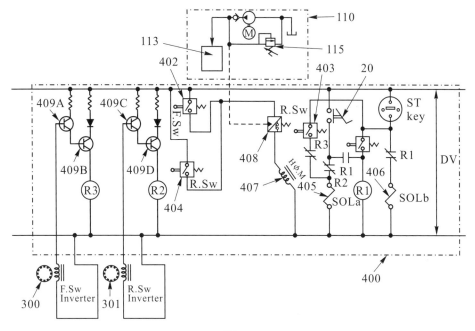

圖 6-6

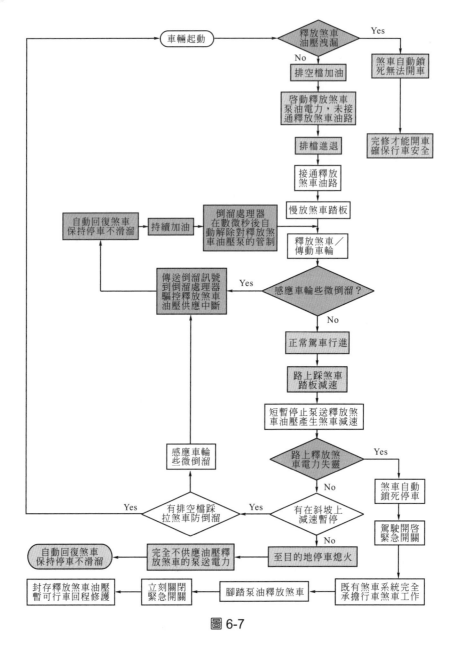

圖 6-7

註1： 為了讓讀者能瞭解專利申請規定格式，本小節謹將申請之表格圖式文字，依專利申請當時規定格式編輯。

註2： 由於專利權於法律保護上具有絕對排他性，所使用之表格圖式文字及用語，皆有一限定範圍，例如精準、明確和清楚，它與一般各專業領域之專有名詞語彙或有差異，以及表達呈現文詞語意亦些許不同，且段落行文亦具獨立特性，希讀者能調心理氣，細讀詳閱，而得進入另一種閱讀境界。

二、同時擁有油壓和氣壓煞車系統的汽車 (發明證書第 I 250255 號)

(一) 創作名稱：並用複制動迴路確保煞車之鼓式煞車系統

(二) 創作摘要

　　一種並用複制動迴路確保煞車之鼓式煞車系統，主要包括：一液壓泵送迴路、一氣壓泵送迴路，及至少一車軸兩端車輪鋼圈旁之鼓式煞車制動總成，其中鼓式煞車制動總成由一煞車鼓、一底板、一對煞車蹄塊、至少一只拉回彈簧、一引導板、一液壓煞車分泵、一S形偏心輪及與S形偏心輪輪心軸接之氣壓煞車分泵所構成，該煞車鼓之凸鼓平面螺鎖車輪鋼圈，並以底板遮覆煞車鼓，於底板上，對映佈設該對煞車蹄塊，且以拉回彈簧及引導板該對煞車蹄塊之腹部相勾連，復於該對煞車蹄塊一端蹄跟之間，固設液壓煞車分泵，另端蹄跟之間，裝設S形偏心輪，且S形偏心輪輪心設軸穿出底板連接氣壓煞車分泵施力端，得以將液壓煞車分泵管接液壓泵送迴路，並用氣壓煞車分泵管接氣壓泵送迴路，產生併進的煞車制動力，當任一煞車迴路故障時，另一泵送迴路仍能作動煞車，更加保障車輛煞車安全者。

(三) 指定代表圖

1. 本案代表圖為：圖 6-14。
2. 本案代表圖之元件代表符號簡單說明：

100	液壓泵送迴路	350	引導板
200	氣壓泵送迴路	360	液壓煞車分泵
300	鼓式煞車制動總成	370	S形偏心輪
301	煞車鼓	380	氣壓煞車分泵
302	底板	311,312,321,322	蹄跟
310,320	煞車蹄塊	400	車輪鋼圈
330,340	拉回彈簧		

(四) 創作說明

〔發明所屬之技術領域〕

本發明是有關一種並用複制動迴路確保煞車之鼓式煞車系統，特別是一種鼓式煞車系統之鼓式煞車制動總成，同時接受兩種制動力傳輸介質(氣壓、液壓)，產生併進的煞車制動力，當任一煞車迴路故障時，另一泵送迴路仍能作動鼓式煞車制動總成煞車，更加保障車輛煞車安全者。

〔先前技術〕

現今大、小型客貨車，皆只設有以單一介質之壓力能量(例如只用氣壓、或只用液壓)作為最終作動煞車制動總成之煞車系統，而隨著車輛性能研發一日千里，車輛的行駛車速、起步加速度及負載能量亦大幅增加，使現今車輛須配合其高速、高負載性能條件，裝設更能承受制動壓力、更高效能之油壓或氣壓煞車系統及相匹配的煞車制動總成，以御制其龐大的動能，雖然車輛設計製造時，已針對各款車型匹配了制動能力與車性能相當的煞車系統，但日常生活上，仍常發生車禍事故，光在台灣每年因道路交通車禍而傷亡的人數，就達到數千人之譜(從交通單位統計的概略報導)，使社會增加許多破碎家庭，間接影響國家人力資源，由而，車禍造成駕駛或行人平白地傷殘甚至喪命，實在冤枉，值得令人嘆息，而車禍發生的原因除人為因素外，機械(尤其重型高速大車輛煞車系統)不良因素，產生之重大車禍死傷人數比例不低，因而仍有發展出更能保障煞車確實的必要。

目前使用內燃機之車輛煞車系統，有倚賴全氣壓作為最終制動力傳輸介質的中、大型車或以液壓作為最終制動力傳輸介質的一般小型車，其倚賴液壓作為最終制動力傳輸介質的一般小型車者，如圖 6-8 所示，為純以腳踩泵壓之車輛液壓煞車系統，其供應液壓到前、後車輪之液壓煞車分泵 20,21 之液壓泵送迴路 10，僅設一足踏式煞車總泵 30，踩動該泵 30 將泵內液壓(在此液壓即指煞車油或與煞車油同性質之油品)泵入液壓煞車分泵 20,21 產生煞車，圖 6-9 所示為習見真空倍力增壓液壓煞車系統，其液壓泵送迴路 10 之足踏式煞車總泵 30，復串設一負壓助推室 31，該室 31 內由煞車總泵 30 連動之閥門(閥門圖中未示)連通引擎真空 40，一踩動煞車總泵 30 同時，促使閥門空氣開啟產生推力助推，加強對前、後車輪之液壓煞車分泵 20,21 之煞車力，並使駕駛踩煞車輕鬆省力。

圖 6-10 為習見液壓倍力增壓液壓煞車系統，其液壓泵送迴路 10 設有一串接油壓助推室 32 之足踏式煞車總泵 30、一油壓調配比例閥 33 及一車輛引擎帶轉具有油室之液壓泵 50，該泵 50 亦泵油供應至動力轉向機齒輪油壓推送室 60，且該泵 50 泵出口接往煞車總泵 30 之油壓助推室 32，復於油壓助推室 32 和該推送室 60 之間設置回流管，而該泵 30

各泵出口管接該閥 33 分配油壓到前、後車輪之液壓煞車分泵 20,21，得於踏踩煞車時，藉由從動力轉向機齒輪油壓推送室 60 泵來之液壓助推，加強對前、後車輪之液壓煞車分泵 20,21 之煞車力，並使駕駛踩煞車輕鬆省力。

圖 6-11 為習見氣壓倍力增壓足控液壓煞車系統，其液壓泵送迴路 10 設有一足踏式煞車總泵 30、一氣壓推增動力液壓缸 65、一車輛引擎帶轉之空壓機 70 及儲氣箱 80，該泵 30 液壓出油端先至該動力液壓缸 65 之液壓增壓奴缸 61，再從該奴缸 61 出口端流入前、後車輪之液壓煞車分泵 20,21，復將該動力液壓缸 65 形成該奴缸 61 另端氣壓助推空間，管接控制液壓引導閥門 62，串經儲氣箱 80 到空壓機 70 出氣端，踩踏煞車時，藉由氣壓對從該泵 30 流出之液壓再增壓，送到前、後車輪之液壓煞車分泵 20,21 增強煞車，並使駕駛踩煞車輕鬆省力。

又如圖 6-12 為習見腳控氣壓式倍力增壓液壓煞車系統，其液壓泵送迴路 10 設有一腳控式氣壓煞車總泵 90、氣壓推增液壓缸 63,64、一車輛引擎帶轉之空壓機 70、一空氣除濕機 91 及儲氣箱 80,81,82，該空壓機 70 出氣口管接該機 91 至儲氣箱 80,81,82，且該些儲氣箱 80,81,82 出氣管接至該總泵 90，再由該總泵 90 出氣端管接至該些缸 63,64 入氣端，再由該些缸 63,64 泵出端管接至後車輪之液壓煞車分泵 20,21，煞車時駕駛只要輕踩該總泵 90，就開通儲氣箱 80,81,82 內儲氣，經該總泵 90 流向該些缸 63,64 推擠液壓到前、後車輪之液壓煞車分泵 20,21，亦具有煞車迅速，操作煞車省力的效果。

然而上述各種煞車方式，均只仰賴液壓此單一介質能量作為最終作動煞車制動總成之煞車系統，一旦煞車管路維修不當，或年久失修產生裂縫，導致液壓洩漏時，將毫無並施的備用煞車保障。

又，倚賴全氣壓作為單一最終制動力傳輸介質的中、大型車煞車系統，如圖 6-13 所示，為習見重型車輛之全氣壓煞車系統於行車時之氣控管路圖，其構成及作用請參閱本發明人先前向我國申請發明申請號第 092201492 號之「制動增效式全氣壓煞車系統」獲准領證中之專利說明書記載先前技術部份，其亦有一旦煞車管路維修不當，或年久失修產生裂縫，導致氣壓洩漏，蓄壓不足時，將毫無並施的備用煞車保障。

由而習見車輛只設有以單一介質之壓力能量作為最終作動煞車制動總成之煞車系統，當煞車系統到煞車制動總成之間，因年久失修或維修不當，使其作用煞車之介質壓力洩漏時，就完全失去煞車作用，毫無任何保障，此關連到圖 6-13 所示之鼓式煞車制動總成 92,93 之機械結構，於其煞車蹄塊 93,94 一端蹄跟 93A,94A 以錨銷 97,98 固定，只有另端蹄跟 93B,94B 能接受單一型煞車分泵(如圖所示之氣壓分泵 99)推啟煞車，使其無法容設

其它介質產生併進煞車制動力的缺失所致。

　　有鑑於習見煞車系統，不具並施的備用煞車保障的缺失，本發明人乃積極研究改進之道，經過一番艱辛的發明過程，終於有本發明產生。

〔發明內容〕

　　因此，本發明即旨在提供一種並用複制動迴路確保煞車之鼓式煞車系統，其是一種鼓式煞車系統之鼓式煞車制動總成，同時接受兩種制動力傳輸介質(氣壓、液壓)，產生併進的煞車制動力，當任一煞車迴路故障時，另一泵送迴路仍能作動鼓式煞車制動總成煞車，更加保障車輛煞車安全者，此為本發明之主要目的。

　　又，本發明此種並用複制動迴路確保煞車之鼓式煞車系統，其煞車制動總成之煞車蹄塊兩端蹄跟，皆為可推動之自由端，不以錨銷等固定件固定，其一端蹄跟受某一型煞車分泵(如液壓分泵)連動，另端蹄跟受其它型煞車分泵(如氣壓分泵)連動，使煞車制動總成能容設多種介質產生併進的煞車制動力，如果任一型煞車分泵與其相連動的煞車蹄塊受動端，因活動件毛邊、歪斜，產生卡死等狀況時，另端蹄跟仍能以卡死之蹄跟為支點，受力撐開，產生煞車效果，亦得以保障車輛煞車安全，此為本發明之又一目的。

　　再者，本發明此種並用複制動迴路確保煞車之鼓式煞車系統，其並設且並行作用之液壓泵送迴路與氣壓泵送迴路，可用圖 6-8 至圖 6-13 的既有的液壓泵送迴路，甚或既有防車輪鎖死煞車系統(ABS)之壓力管路，加以調變就可容易並用，只要在操作煞車踏板之動力源頭(如煞車踏板本身，或連接煞車踏板之液壓煞車總泵，或煞車踏板之氣壓煞車總泵)，加以適當的壓力引導開關，使其感應端連通受煞車踏板直接作用之一泵送迴路，導通端連通另一泵送迴路，就能達到兩泵送迴路並行作動的訴求，完全沒有與既有煞車迴路調適不當的干擾問題，此為本創作之再一目的。

　　至於本發明之詳細構造、應用原理、作用與功效，則參照下列依附圖所作之說明即可得到完全的了解。

〔較佳具體實施方式〕

　　圖 6-8 至圖 6-13 所示，各種習見煞車系統，其以單一介質之壓力能量作為最終作動煞車制動總成之缺失，已如前文所述，此處不再贅述。

　　圖 6-14 為本發明並用複制動迴路確保煞車之鼓式煞車系統整體示意圖，由該圖可知，本發明此種煞車系統，主要包括：一液壓泵送迴路 100、一氣壓泵送迴路 200 及至少一車軸兩端車輪鋼圈 400 旁之鼓式煞車制動總成 300，其中鼓式煞車制動總成 300 由一煞車鼓 301、一底板 302、一對煞車蹄塊 310,320、至少一只拉回彈簧 330,340、一引導板 350、一

液壓煞車分泵 360、一 S 形偏心輪 370 及與 S 形偏心輪 370 輪心軸接之氣壓煞車分泵 380 所構成，該煞車鼓 301 之凸鼓平面螺鎖車輪鋼圈 400，並以底板 302 遮覆煞車鼓 301，於底板 302 上，對映佈設該對煞車蹄塊 310,320，且以拉回彈簧 330,340 及引導板 350 該對煞車蹄塊 310,320 之腹部相勾連，復於該對煞車蹄塊 310,320 一端蹄跟 311,321 之間，固設液壓煞車分泵 360，另端蹄跟 312,322 之間，裝設 S 形偏心輪 370，且 S 形偏心輪 370 輪心設軸穿出底板 302 連接氣壓煞車分泵 380 施力端，得以將液壓煞車分泵 360 管接液壓泵送迴路 100，並用氣壓煞車分泵 380 管接氣壓泵送迴路 200。

其作用，如圖 6-15 為本發明並用複制動迴路確保煞車之鼓式煞車系統於車輛行駛時之示意圖，常速行駛時，液壓煞車分泵 360 與氣壓煞車分泵 380 皆不作動煞車蹄塊 310,320，拉回彈簧 330,340 拉力，將該些蹄塊 310,320 拉攏，使該些蹄塊 310,320 外層之摩擦片 313,323 與煞車鼓 301 不接觸，維持車輪運轉，當液壓泵送迴路 100 與氣壓泵送迴路 200，及鼓式煞車制動總成 300，作用正常狀態操作煞車，如圖 6-16 之示意圖所示，液壓煞車分泵 360 受液壓泵送迴路 100 傳來液壓，推開蹄跟 311,321 同時，氣壓煞車分泵 380 一併受氣壓泵送迴路 200 傳來氣壓，使氣壓煞車分泵 380 施力端伸出，旋動 S 形偏心輪 370，將另端蹄跟 312,322 推開，使摩擦片 313,323 與煞車鼓 301 均勻接觸，形成煞車減速。

而當液壓泵送迴路 100 有壓力洩漏，或液壓煞車分泵 360 與蹄跟 311,321 之間產生機件卡死，作用異常狀態操作煞車時，如圖 6-17 之示意圖所示，雖然無法藉由液壓進行煞車，仍有氣壓煞車分泵 380 受氣壓泵送迴路 200 傳來氣壓，使氣壓煞車分泵 380 施力端伸出，旋動 S 形偏心輪 370，以蹄跟 311,321 接觸液壓煞車分泵 360 處為支點，將蹄跟 312,322 推開，使摩擦片 313,323 與煞車鼓 301，從臨近蹄跟 312,322 部位作為接觸煞止主力，亦得以維持煞車減速，若氣壓泵送迴路 200 有壓力洩漏，或 S 形偏心輪 370 與蹄跟 312,323 之間產生機件卡死，另一作用異常狀態操作煞車時，如圖 6-18 之示意圖所示，雖然無法藉由氣壓進行煞車，仍有液壓煞車分泵 360 受液壓泵送迴路 100 傳來液壓，使液壓煞車分泵 360 以蹄跟 312,322 接觸 S 形偏心輪 370 處為支點，將蹄跟 311,321 推開，使摩擦片 313,323 與煞車鼓 301，從臨近蹄跟 311,321 部位作為接觸煞止主力，亦得以維持煞車減速。

至於其並設且並行作用之液壓泵送迴路 100 與氣壓泵送迴路 200，如圖 6-19 所示，其以方框簡示之該迴路 100 可為前述圖 6-8 至圖 6-12 所示之任一液壓泵送迴路 10，亦可為既有之 ABS 防車輪鎖死煞車系統之壓力管路，而在操作煞車踏板之動力源頭(如煞車踏板本身，或連接煞車踏板之液壓煞車總泵，或煞車踏板之氣壓煞車總泵)，加以適當的壓力引導開關 101，例如液壓引導氣壓開通型式之壓力引導開關 101，使該開關 101 之感應端，

連通受煞車踏板直接作用之液壓煞車總泵液壓出口，導通端連通該迴路 200 之主氣壓通路，就能達到該些泵送迴路 100,200 並行作動的訴求，而氣壓泵送迴路 200 如圖所示，亦可應用如前圖 6-13 所示之迴路，而此開關 101 如圖所示，可爲該迴路 200 內，設置液壓引導氣壓開通之氣壓煞車總泵 201，或如圖 6-20 所示，此開關 101 可爲液壓引導電力連通之型式，而其氣壓煞車總泵 201 爲受該開關 101 導通電磁 sol.1 開啓之泵體者。

而本發明使用之氣壓泵送迴路 200，亦可改以圖 6-21 所示的構成方式實施，其氣壓總泵 201 與壓力引導開關 101 的連接構成方式，與前述相同，故不再贅述，另外，亦可圖 6-22 所示實施，因應大型或重型車輛，本發明使用之氣壓泵送迴路 200 內，設有一足踏式氣壓煞車總泵 211、一只氣壓源 210 及氣壓引導氣壓開通之壓力引導開關 101，而液壓泵送迴路 100 內，以一氣壓推增動力液壓缸 212，做爲液壓煞車總泵，將氣壓源 210 分別連接足踏式氣壓煞車總泵 211 及該開關 101 之氣壓源輸入端，而足踏式氣壓煞車總泵 211 之出氣端接往全氣壓煞車迴路主要供氣管及該開關 101 之氣壓引導端，並將該開關 101 之出氣端接往氣壓推增動力液壓缸 212 之氣壓輸入端，氣壓推增動力液壓缸 212 之液壓送出端接往液壓煞車分泵 360，亦可如圖 6-23 所示，因應大型、中型客貨車輛，於全氣壓之氣壓泵送迴路 200 之足踏式氣壓煞車總泵 211 出氣端，除接往全氣壓煞車迴路主要供氣管外，復接往液壓泵送迴路 100 內氣壓推動式的液壓煞車總泵 102 進氣端，再由該泵 102 之液壓出端，接往液壓煞車分泵 360，再可如圖 6-24 所示，於全氣壓之氣壓泵送迴路 200 之足踏式氣壓煞車總泵 211 出氣端，除接往全氣壓煞車迴路主要供氣管外，復接到一氣壓作動缸 213 之進氣端，並於該缸 213 之推送端連接液壓泵送迴路 100 內槓桿推動式的液壓煞車總泵 102 推送端，再由該泵 102 之液壓出端，接往液壓煞車分泵 360，使其因應小型客貨車使用。

從上所述可知，本發明之此種並用複制動迴路確保煞車之鼓式煞車系統，確實爲一種鼓式煞車系統之鼓式煞車制動總成，同時接受兩種制動力傳輸介質(氣壓、液壓)，產生併進的煞車制動力，當任一煞車迴路故障時，另一泵送迴路仍能作動鼓式煞車制動總成煞車，更加保障車輛煞車安全的功效，且未見諸公開使用，合於專利法之規定，懇請賜准專利，實爲德便。

須陳明者，以上所述者乃是本發明較佳具體的實施例，若依本發明之構想所作之改變，其產生之功能作用，仍未超出說明書與圖示所涵蓋之精神時，均應在本發明之範圍內，合予陳明。

〔圖示元件編號與名稱對照〕

10	液壓泵送迴路	100	液壓泵送迴路
20,21	液壓煞車分泵	101	壓力引導開關
30	足踏式煞車總泵	102	液壓煞車總泵
31	負壓助推室	200	氣壓泵送迴路
32	油壓助推室	201	氣壓煞車總泵
33	油壓調配比例閥	211	足踏式氣壓煞車總泵
40	引擎真空	210	氣壓源
50	液壓泵	212	氣壓推增動力液壓缸
60	動力轉向機齒輪油壓推送室	213	氣壓作動缸
61	液壓增壓奴缸	300	鼓式煞車制動總成
62	控制液壓引導閥門	301	煞車鼓
63,64	氣壓推增液壓缸	302	底板
65	氣壓推增動力液壓缸	310,320	煞車蹄塊
70	空壓機	311,321,312,322	蹄跟
80,81,82	儲氣箱	313,323	摩擦片
90	腳控式氣壓煞車總泵	330,340	拉回彈簧
91	空氣除濕機	350	引導板
92	鼓式煞車制動總成	360	液壓煞車分泵
93,94	煞車蹄塊	370	S形偏心輪
93A,93B,94A,94B	蹄跟	380	氣壓煞車分泵
97,98	錨銷	400	車輪鋼圈

(五) 圖式簡單說明

圖 6-8 為習見純以腳踩泵壓之車輛液壓煞車系統。

圖 6-9 為習見真空倍力增壓液壓煞車系統。

圖 6-10 為習見液壓倍力增壓液壓煞車系統。

圖 6-11 為習見氣壓倍力增壓足控液壓煞車系統。

圖 6-12 為習見腳控氣壓式倍力增壓液壓煞車系統。

圖 6-13 為習見重型車輛之全氣壓煞車系統於行車時之氣控管路圖。

圖 6-14 為本發明並用複制動迴路確保煞車之鼓式煞車系統整體示意圖。

圖 6-15 為本發明並用複制動迴路確保煞車之鼓式煞車系統於車輛行駛時之示意圖。

圖 6-16 為本發明並用複制動迴路確保煞車之鼓式煞車系統作用正常狀態操作煞車之示意圖。

圖 6-17 為本發明並用複制動迴路確保煞車之鼓式煞車系統作用異常狀態操作煞車之示意圖。

圖 6-18 為本發明並用複制動迴路確保煞車之鼓式煞車系統另一作用異常狀態操作煞車之示意圖。

圖 6-19 為本發明並用複制動迴路確保煞車之鼓式煞車系統之液壓泵送迴路與氣壓泵送迴路之一實施示意圖。

圖 6-20 為圖 6-19 之壓力引導開關另一實施形式。

圖 6-21 為本發明並用複制動迴路確保煞車之鼓式煞車系統之液壓泵送迴路與氣壓泵送迴路之又一實施示意圖。

圖 6-22 為本發明並用複制動迴路確保煞車之鼓式煞車系統之液壓泵送迴路與氣壓泵送迴路之另一實施示意圖。

圖 6-23 為本發明並用複制動迴路確保煞車之鼓式煞車系統之液壓泵送迴路與氣壓泵送迴路之再一實施示意圖。

圖 6-24 為本發明並用複制動迴路確保煞車之鼓式煞車系統之液壓泵送迴路與氣壓泵送迴路之復一實施示意圖。

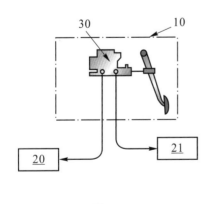

圖 6-8

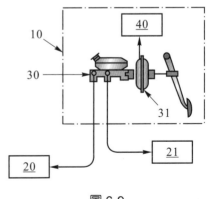

圖 6-9

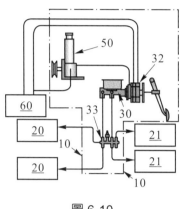

圖 6-10

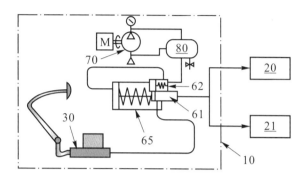

圖 6-11

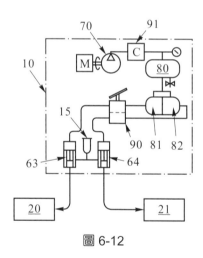

圖 6-12

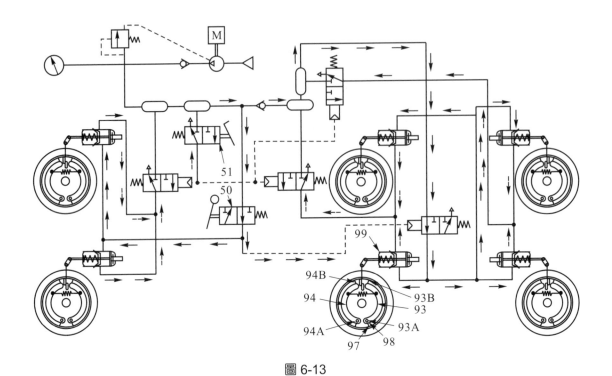

圖 6-13

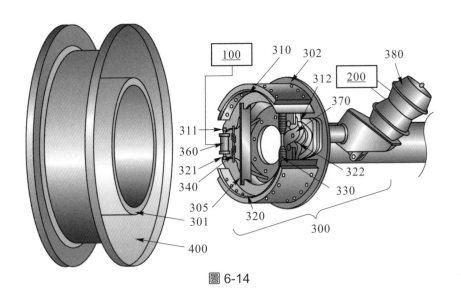

圖 6-14

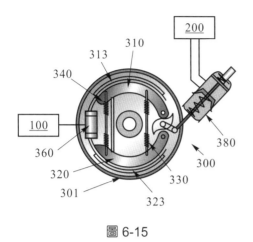

圖 6-15

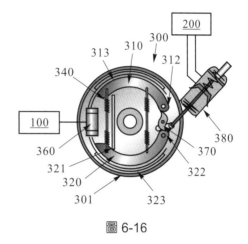

圖 6-16

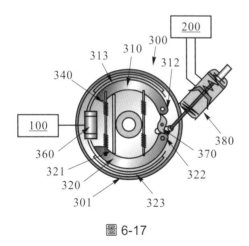

圖 6-17

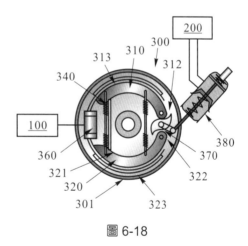

圖 6-18

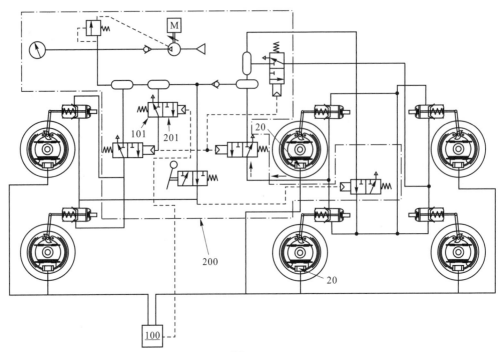

圖 6-19

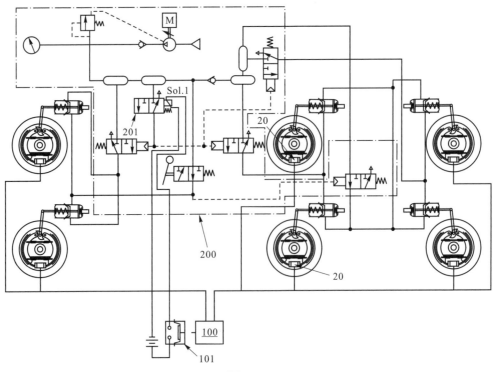

圖 6-20

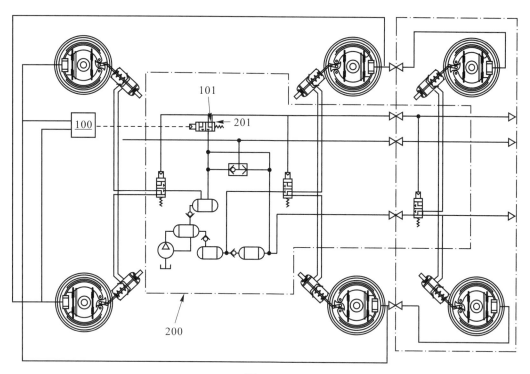

圖 6-21

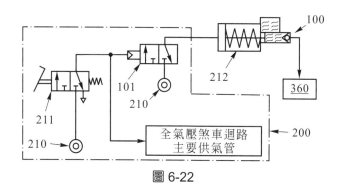

圖 6-22

圖 6-23

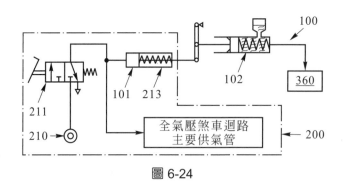

圖 6-24

(六) 申請專利範圍

1. 一種並用複制動迴路確保煞車之鼓式煞車系統，其特徵在於：主要由一液壓泵送迴路、一氣壓泵送迴路及至少一車軸兩端車輪鋼圈旁之鼓式煞車制動總成所構成，而鼓式煞車制動總成又由一煞車鼓、一底板、一對煞車蹄塊、至少一只拉回彈簧、一引導板、一液壓煞車分泵、一 S 形偏心輪及與 S 形偏心輪輪心軸接之氣壓煞車分泵所構成，該煞車鼓之凸鼓平面螺鎖車輪鋼圈，並以底板遮覆煞車鼓，於底板上，對映佈設該對煞車蹄塊，且以拉回彈簧及引導板該對煞車蹄塊之腹部相勾連，復於該對煞車蹄塊一端蹄跟之間，固設液壓煞車分泵，另端蹄跟之間，裝設 S 形偏心輪，且 S 形偏心輪輪心設軸穿出底板連接氣壓煞車分泵施力端，得以將液壓煞車分泵管接液壓泵送迴路，並用氣壓煞車分泵管接氣壓泵送迴路，產生併進的煞車制動力者。

2. 如申請專利範圍第 1 項之一種並用複制動迴路確保煞車之鼓式煞車系統，所述之液壓泵送迴路係為純以腳踩泵壓之車輛液壓煞車者。

3. 如申請專利範圍第 1 項之一種並用複制動迴路確保煞車之鼓式煞車系統，所述之液壓泵送迴路係為真空倍力增壓液壓煞車者。

4. 如申請專利範圍第 1 項之一種並用複制動迴路確保煞車之鼓式煞車系統，所述之液壓泵送迴路係為液壓倍力增壓液壓煞車者。

5. 如申請專利範圍第 1 項之一種並用複制動迴路確保煞車之鼓式煞車系統，所述之液壓泵送迴路係為氣壓倍力增壓足控液壓煞車者。

6. 如申請專利範圍第 1 項之一種並用複制動迴路確保煞車之鼓式煞車系統，所述之液壓泵送迴路係為腳控氣壓式倍力增壓液壓煞車者。

7. 如申請專利範圍第 1 項之一種並用複制動迴路確保煞車之鼓式煞車系統，所述

之液壓泵送迴路係爲防車輪鎖死煞車(ABS)者。

8. 如申請專利範圍第 1 項之一種並用複制動迴路確保煞車之鼓式煞車系統，所述之氣壓泵送迴路係爲全氣壓煞車者。

9. 如申請專利範圍第 1、2、3、4、5、6 或第 7 項之一種並用複制動迴路確保煞車之鼓式煞車系統，所述液壓煞車分泵管接液壓泵送迴路，並用氣壓煞車分泵管接氣壓泵送迴路，產生併進煞車制動力的構成方式，係於氣壓泵送迴路內，設有液壓引導氣壓開通型式之壓力引導開關，而該壓力引導開關即爲氣壓泵送迴路內，液壓引導氣壓開通之氣壓煞車總泵，而該氣壓煞車總泵壓力受引導開通之感應端，連通受煞車踏板直接作用之液壓煞車總泵液壓出口者。

10. 如申請專利範圍第 1、2、3、4、5、6 或第 7 項之一種並用複制動迴路確保煞車之鼓式煞車系統，所述液壓煞車分泵管接液壓泵送迴路，並用氣壓煞車分泵管接氣壓泵送迴路，產生併進煞車制動力的構成方式，係於液壓泵送迴路內，設有液壓引導電力連通型式之壓力引導開關，且氣壓泵送迴路內之氣壓煞車總泵爲受該壓力引導開關導通電磁開啓之泵體者。

11. 如申請專利範圍第 1 或第 8 項之一種並用複制動迴路確保煞車之鼓式煞車系統，所述液壓煞車分泵管接液壓泵送迴路，並用氣壓煞車分泵管接氣壓泵送迴路，產生併進煞車制動力的構成方式，係於氣壓泵送迴路內，於足踏式氣壓煞車總泵之出氣端接往氣壓泵送迴路主要供氣管，及一氣壓引導氣壓開通之壓力引導開關之氣壓引導端，該壓力引導開關之出氣端管接液壓泵送迴路內，所設一氣壓推增動力液壓缸之氣壓輸入端，而該氣壓推增動力液壓缸液壓送出端，接往鼓式煞車制動總成內之液壓煞車分泵者。

12. 如申請專利範圍第 1 或第 8 項之一種並用複制動迴路確保煞車之鼓式煞車系，所述液壓煞車分泵管接液壓泵送迴路，並用氣壓煞車分泵管接氣壓泵送迴路，產生併進煞車制動力的構成方式，係於氣壓泵送迴路之足踏式氣壓煞車總泵出氣端，除接往全氣壓煞車迴路主要供氣管外，復接往液壓泵送迴路內氣壓推動式的液壓煞車總泵進氣端者。

13. 如申請專利範圍第 1 或第 8 項之一種並用複制動迴路確保煞車之鼓式煞車系，所述液壓煞車分泵管接液壓泵送迴路，並用氣壓煞車分泵管接氣壓泵送迴路，產生併進煞車制動力的構成方式，係於氣壓泵送迴路之足踏式氣壓煞車總泵出氣端，接往氣壓泵送迴路主要供氣管外，復接到氣壓泵送迴路之一氣壓作動缸進氣端，

並於該氣壓作動缸之推送端連接液壓泵送迴路內槓桿推動式的液壓煞車總泵推送端者。

註1： 為了讓讀者能瞭解專利申請規定格式，本小節循前一節模式將申請之表格圖式文字，依專利申請當時規定全格式編輯。

註2： 同樣地，本專利案例由於專利權於法律保護上具有絕對排他性，所使用之表格圖式文字及用語，皆有一限定方式，例如精準、明確和清楚，它與一般各專業領域之專有名詞語彙或有差異，以及表達呈現文詞語意亦些許不同，且段落行文亦具獨立特性，亦希冀讀者依然能如前節平心靜氣，細閱詳讀，而得理解專利領域之特殊性與邏輯性。

註3： 為了使讀者能順暢閱覽，試將圖式挪移至第五小節「圖式簡單說明」文字之後，以利圖文對照，方便瞭解本專利案內容。

三、具有增效功能的重型車輛全氣壓煞車系統 (新型證書第 217165 號)

(一) 創作名稱：制動增效式全氣壓煞車系統

(二) 創作摘要

一種制動增效式全氣壓煞車系統，係改進重型輪式車輛全氣壓煞車系統之煞車效率，能縮小煞車分泵耗氣量，以較低之泵氣壓力完成煞車，該煞車系統主要由一氣壓煞車控制、至少與輪軸等數之煞車分泵、並接煞車分泵之排氣返增管路，及各輪之車輪煞車制動件所構成，其中該些煞車分泵為一平端伸出推桿的圓柱筒，且圓柱筒內塞入一固接推桿的活塞，推桿固接活塞另端連接車輪煞車制動件，將圓柱筒隔成推桿推進空間及推桿推退空間，於推桿推進空間內，設有第一彈簧，推桿推退空間內，設有第二彈簧，第一彈簧彈力比第二彈簧彈力強，使活塞恆有彈簧助力推送推桿，且圓柱筒壁對應推桿推進空間及推桿推退空間適當位置，分別設透氣孔管接氣壓煞車迴路及排氣返增管路，使氣壓推桿推伸時，亦有彈力增壓，減少泵氣壓消耗者。

(三) 圖式簡單說明

1. 本案代表圖為：圖 6-32
2. 本案各圖示之元件編號與名稱如下對照表：

〔各圖示元件編號與名稱對照〕

10	煞車分泵	67,68	氣壓引導方向閥
20	前室	69	梭動閥
21	皮膜	69A	低壓感應電開關
22	第一氣室	69B	電磁引導方向閥
23	第一彈簧室	70	煞車分泵
24	推桿	71	推桿推進空間
30	後室	72	推桿推退空間
31	活塞	73	推桿
32	第二氣室	74	活塞
33	第二彈簧室	75	第一彈簧
34	頂桿	76	第二彈簧
39	隔板	77,78	氣孔
40	煞車氣壓源	80	排氣連動管路
41	行車氣壓源	81	單側引導梭動閥
42	驅控車輪煞凸輪桿	90	車輪煞車制動件
50	駐停車之手控煞車閥	100	儲氣桶
51	行車駕控之腳踏控煞車閥	101	第一梭動閥
60	氣壓控制迴路	102	第二梭動閥
61	主車迴路	103	氣壓引導進氣方向閥
62	子車煞車迴路	104	氣壓引導排氣方向閥
63	快速接頭	200	煞車分泵
64	氣壓源	201	推桿推進空間
65	腳煞車氣壓方向閥	202	推桿推退空間
66	駐停手煞車氣壓方向閥		

3. 各圖式說明如下：

圖 6-25 為習見重型車輛之全氣壓煞車分泵結構剖示圖。

圖 6-26 為習見重型車輛之全氣壓煞車系統於停車駐車瞬間之氣控管路圖。

圖 6-27 為習見重型車輛之全氣壓煞車系統於行車時之手煞車釋放氣控管路圖。

圖 6-28 為習見重型車輛之全氣壓煞車系統於腳踩煞車瞬間之氣控管路圖。

圖 6-29 為本創作制動增效式全氣壓煞車系統之方塊示意圖。

圖 6-30 為本創作制動增效式全氣壓煞車系統於停車瞬間之氣控管路圖。

圖 6-31 為本創作制動增效式全氣壓煞車系統之煞車分泵立體結構剖示圖。

圖 6-32 為本創作制動增效式全氣壓煞車系統於行車時之氣控管路圖。

圖 6-33 為本創作制動增效式全氣壓煞車系統於行車煞車時之氣控管路圖。

圖 6-34 為本創作制動增效式全氣壓煞車系統於低壓時之安全氣控管路圖。

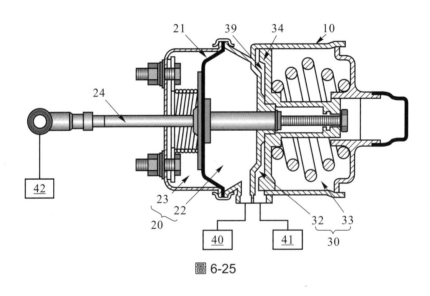

圖 6-25

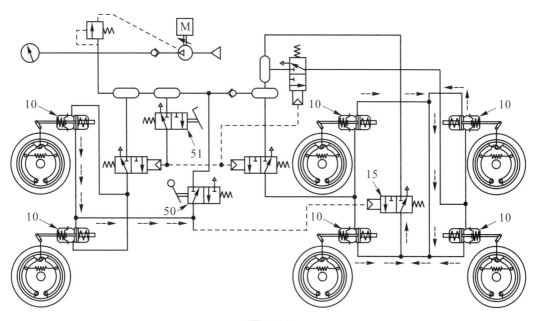

圖 6-26

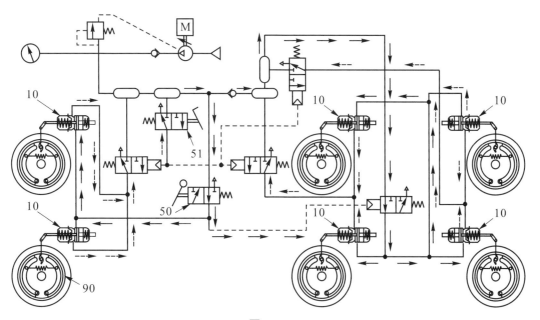

圖 6-27

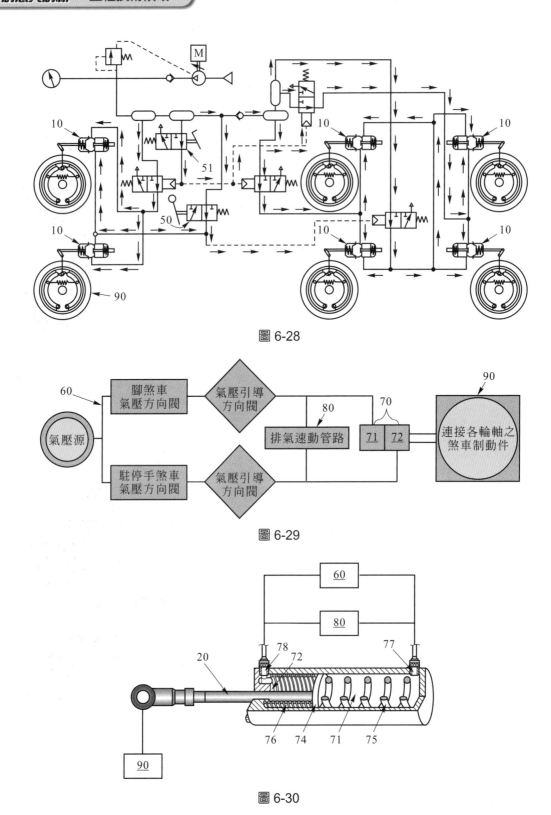

圖 6-28

圖 6-29

圖 6-30

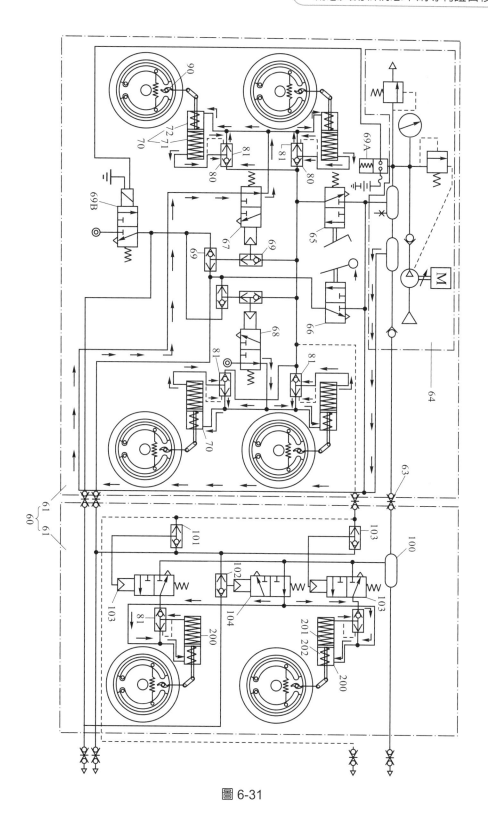

圖 6-31

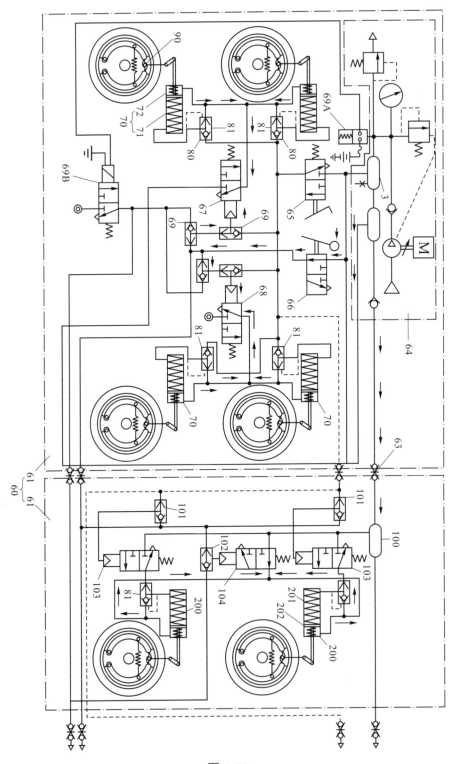

圖 6-32

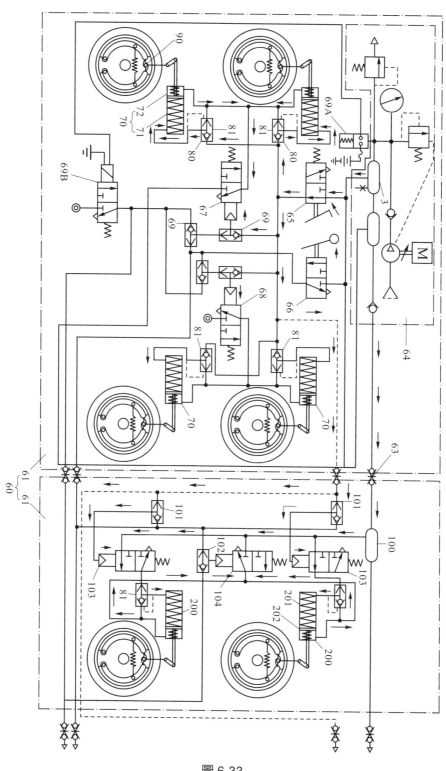

圖 6-33

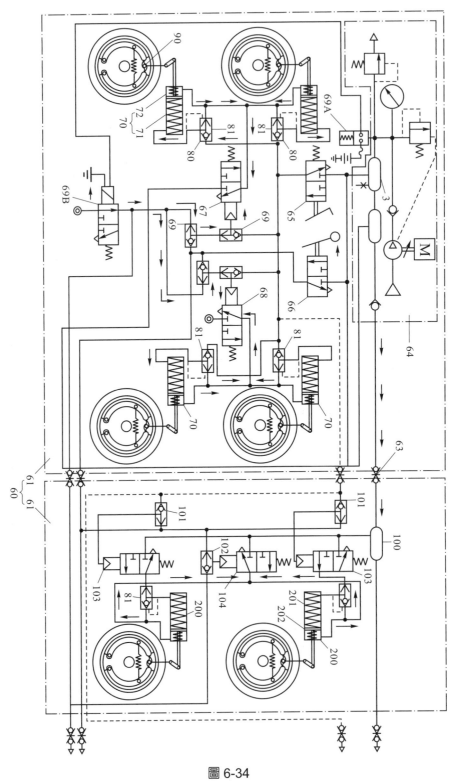

圖 6-34

(四) 創作說明

〔新型所屬之技術領域〕

　　本創作是有關一種制動增效式全氣壓煞車系統，特別是一種改進重型車輛全氣壓煞車系統煞車效率之新煞車系統，能縮小煞車分泵耗氣量，以較低之泵氣壓力完成煞車，且煞車分泵受氣壓推伸時，亦有機械彈力助壓，減少泵氣壓消耗者。

〔先前技術〕

　　目前如砂石車或大客車、大貨車等重型輪式車輛，考慮行車當中，須更快速產生煞車作用，故皆以全氣壓動力推動各車輪煞車，因此車輛發動後，動力帶轉氣壓泵(空氣壓縮機)壓送氣體到儲氣箱的氣壓存量，對保持車輛的煞車力極為重要，因而正確的上路駕駛步驟，應在發動車後靜待引擎空轉一段時間，將儲氣箱灌補氣壓充足後，才能開車，以保上路後的煞車安全，但充滿煞車備用氣體上路後，也並非完全恆有穩定的氣壓能隨時提供煞車作用。

　　此因駕駛每次操控煞車當中或煞車執行後，煞車系統都會自動將管路內的作用氣壓排洩到大氣中，以釋放開動行車之氣壓，或釋放煞車恢復行車，而使包含儲氣箱之整個煞車系統易產生「壓力降」，此需要經過些許一段時間，由氣壓泵將儲氣箱氣壓補足。在這時間內，受限儲氣箱氣壓容量，往往沒有充足的氣壓應付急迫的連續煞車，例如駕駛重型車輛於連續彎路，或上、下起伏不斷的坡面時，必須頻繁操作煞車，耗用大量儲備煞車氣壓，使氣壓泵灌氣流不及，容易發生後續煞車力不足現象，導致煞車效能降低，車速控制易危險。

　　且如圖 6-25 習見重型車輛之全氣壓煞車分泵結構剖示圖所示，於習見重型車輛之全氣壓煞車系統之煞車分泵 10，為中間格板 39 使具有前室 20、後室 30 的筒體結構。於前室 20 內設有一層皮膜 21，將前室 20 再隔成煞車氣壓源 40 導入之第一氣室 22 及彈力釋放煞車之第一彈簧室 23，且皮膜 21 中央設有一垂伸穿出第一彈簧室 23 之推桿 24，連接驅控車輪煞凸輪桿 42，而後室 30 內設有一活塞 34，將後室 30 再隔成行車氣壓源 41 導入之第二氣室 32 及彈力退駐煞之第二彈簧室 33；且活塞 34 中央設有一垂伸穿出第二氣室 32 之頂桿 31，朝皮膜 21 設置之推桿 24 另端頂推。其結構雖有第二彈簧室 33 彈推助煞，但配合此結構組合連接之煞車迴路，如圖 6-26，為習見重型車輛之全氣壓煞車系統於停車駐車瞬間之氣控管路圖；圖 6-27 為習見重型車輛之全氣壓煞車系統於行車時之氣控管路圖；圖 6-28 為習見重型車輛之全氣壓煞車於腳踩煞車瞬間之氣控管路圖，圖中顯示煞車迴路中設有通常用於駐停車之手控煞車閥 50 及行車駕控之腳踏控煞車閥 51，仔細觀察該

些圖所示各種狀態下，箭頭標註之氣流變化方向，可知此分泵 10 結構及與之須得配合之煞車迴路，產生以下操作限制：

1. 由於煞車分泵內，第二彈簧室內的彈力推向，只為能使推桿定位釋放煞車而設計，其作用力與進入室內氣壓作用力反向，且在高壓狀態容易產生氣壓洩漏現象，為使常時保持第二氣壓室氣壓，必須仰賴比全無彈力作用力大之泵體還要高的氣壓，對抗能量消耗，由此易需任何時間皆需泵力，導致引擎能量耗損。

2. 圖 6-26 所示駐停車情況下，煞車分泵將所有氣體排出，頂桿才會被彈力頂推退回，行車當中，如有其它煞車狀況發生時，無機械彈力輔助煞車，完全得仰賴氣壓進入第一氣室推移推桿，而且分泵本身須製成大受壓面積之筒體，才能達到行車中所須的煞車力量，而筒體加大，系統須儲備更多泵氣量，等待泵氣充足，時間也會跟著延長，於頻繁操作行車煞車之行車瞬間，較無法即時補足泵氣量，導致煞車效能降低。

3. 又，習見重型車輛之全氣壓煞車系統，不論行車時有無踏踩煞車踏板，於第二氣室皆須導入氣壓，強迫頂桿壓退，然而煞車作用時，讓頂桿伸出反而有間接推助煞車功效，只要釋放煞車時，能使頂桿即時縮回即可完全不造成作動防礙，因而駕駛上路後，第二氣室內因此常保持呆滯氣量，於每次煞車作動時，未利用到彈力煞車助推功效。

有鑑於習見重型車輛全氣壓煞車系統，有上述回補泵氣量時間長、浪費能量、煞車分泵筒體容量耗氣量大、產生部份不經濟呆滯氣量的種種限制，本創作人乃積極研究改進之道，經過一番艱辛的創作過程，終於有本創作產生。

〔發明內容〕

因此，本創作即旨在提供一種制動增效式全氣壓煞車系統，其煞車分泵為一平端伸出推桿的圓柱筒，且圓柱筒內塞入一固接推桿的活塞，推桿固接活塞另端伸出筒體連接車輪煞車制動件，由活塞將圓柱筒隔成推桿推進空間及推桿推退空間，於推桿推進空間內，設有第一彈簧，推桿推退空間內，設有第二彈簧，第一彈簧彈力比第二彈簧彈力大，使活塞恆有彈簧助力推送推桿，且圓柱筒壁對應推桿推進空間及推桿推退空間適當位置，分別設透氣孔管接本創作煞車系統之氣壓煞車迴路及排氣速動管路，由此構成，使進入泵內空間的氣壓，與相同空間內之彈力作用同向，產生瞬間增壓效果，由此藉由機械彈力分擔煞車力，可使用較習見重型車輛全氣壓煞車系統較低之泵氣壓力，就達能到理想煞車效果，使系統泵能維持安全值以上之氣量與壓力，使煞車反應更快速，此為本創作之主要目的。

又，本創作此種制動增效式全氣壓煞車系統，由於恆有彈力差迫使推桿推啓煞車，且已藉由機械彈力分擔煞車負荷，因此煞車分泵可製成較習見煞車分泵受壓面積為小之筒體，得以耗用較少儲氣量，泵氣回補時間亦得以縮短，利於頻繁操作行駛煞車瞬間，能更快供給每次煞車所需泵氣量，使煞車安全效用提昇，此為本創作之又一目的。

再者，本創作此種制動增效式全氣壓煞車系統，復設有快速排氣釋放煞車，於每次煞車釋放後，氣壓進入推桿推退空間，壓迫活塞推擠另端推桿推進空間排氣，經快速排氣速動管路單向流到推桿推退空間，立即補充推桿推退空間氣壓量，增助第二彈簧彈力壓退第一彈簧，使煞車分泵能快速動作釋放行車，此為本創作之再一目的。

至於本創作之詳細構造、應用原理、作用與功效，則參照上列附圖所作之說明即可得到完全的了解。

〔較佳具體實施方式〕

圖 6-25 為習見重型車輛之全氣壓煞車分泵結構剖示圖；圖 6-26 為習見重型車輛之全氣壓煞車系統於停車駐車瞬間之氣控管路圖；圖 6-27 為習見重型車輛之全氣壓煞車系統於行車時之氣控管路圖；圖 6-28 為習見重型車輛之全氣壓煞車於腳踩煞車瞬間之氣控管路圖。此些圖之結構、作動情形及其使用上所造成的限制，已如前文所述，此處不再贅述。

圖 6-29 為本創作制動增效式全氣壓煞車系統之方塊示意圖，由該圖所示可知，本創作此種制動增效式全氣壓煞車系統主要由一氣壓控制迴路 60、至少與輪軸等數之煞車分泵 70、並接煞車分泵 70 之排氣速動管路 80 及各輪之車輪煞車制動件 90 所構成，該分泵 70 分成推桿推進空間 71 及推桿推退空間 72，該氣壓控制迴路 60 受腳煞車動作及手煞車動作引導，將氣壓傳至相應動作反應之推桿推進空間 71 或推桿推退空間 72，使煞車分泵 70 帶動車輪煞車制動件 90 產生對應的煞車反應，而排氣速動管路 80 於釋放煞車瞬間時，將流出推桿推進空間 71 之氣壓，導回推桿推退空間 72，增補釋放煞車氣壓與氣量，以及時加快釋除煞車。

而煞車分泵 70 具體結構，如圖 6-30 所示，該泵 70 為一平端伸出推桿 73 的圓柱筒，且圓柱筒內塞入一固接推桿 73 的活塞 74，推桿 73 固接活塞 74 另端連接車輪煞車制動件 90，將圓柱筒隔成推桿推進空間 71 及推桿推退空間 72，於推桿推進空間 71 內，設有第一彈簧 75，推桿推退空間 72 內，設有第二彈簧 76，第一彈簧 75 彈力比第二彈簧 76 彈力強，使活塞 74 恆有彈簧助力推送推桿 73，且圓柱筒壁對應推桿推進空間 71 及推桿推退空間 72 適當位置，分別透設氣孔 77,78，管接前述氣壓控制迴路 60 及排氣速動管路 80，使氣壓擠動推桿 73 推伸時，亦有機件彈力增壓，減少氣壓負擔，可將煞車分泵 70 筒身直

徑縮小，減少泵氣壓消耗的功能效益。而氣壓控制迴路 60 及排氣速動管路 80 組裝煞車分泵 70 之具體構成，及各狀態下之作用情形，如圖 6-31、6-32、6-33、6-34 所示，該氣壓控制迴路 60 可由能以快速接頭 63 串接至少一子車煞車迴路 62 之主車迴路 61 所構成，該主車迴路 61 可由至少一組氣壓源 64、一腳煞車氣壓方向閥 65、一駐停手煞車氣壓方向閥 66、數氣壓引導方向閥 67,68、數梭動閥 69、一低壓感應電開關 69A 及一電磁引導方向閥 69B 所組成，該些組氣壓源 64 直接供氣至各閥 65、66、67、69A、69B 之進氣端，而腳煞車氣壓方向閥 65、駐停手煞車氣壓方向閥 66 進氣另端分別經對應之梭動閥 69，接至氣壓引導方向閥 67,68 之引導端，該些閥 67,68 進氣另端接通對應煞車分泵 70 之推桿推退空間 72，至於該電開關 69A 之感應低壓端接通氣壓源 64，開關部份電接至電磁導引方向閥 69B 之電磁引導端，且該閥 69B 進氣另端經梭動閥 69 接往氣壓引導方向閥 67,68 引導端，該些閥 65,66,67,68,69B 可為三口二位閥體，或封閉排氣另端之四口二位閥體，其中該些閥 65,66,69B 接成回位狀態排氣，而該些閥 67,68 接成回位狀態進氣，由此如圖 6-31 所示，能在行車當中，讓氣壓充分流入推桿推退空間 72，保持煞車釋放。當該些閥 65,66 流往氣壓引導方向閥 67,68 引導端氣壓，大於該閥 69B 流往氣壓引導方向閥 67,68 引導端氣壓時，由該些梭動閥 69 自動關閉該閥 69B 流往氣壓引導方向閥 67,68 引導端通路，此時即表示系統氣壓充足，可如圖 6-32 所示，於駐停車時，拉動手煞車，使該閥 66 通氣引導氣壓引導方向閥 67,68，將推桿推退空間 72 內氣壓排除，產生機件彈力煞車，完成駐停煞車動作。

另外，並接各煞車分泵 70 之排氣速動管路 80，如圖中所示，可為一單側引導梭動閥 81，該閥 81 之引導梭動端接至推桿推退空間 72，未引導梭動端接至腳煞車氣壓方向閥 65 出氣端，而共氣端及引導端接至推桿推進空間 71，配合上述該些閥 65,66,67,68,69B 連接架構，使行車中腳踩煞車時，如圖 6-33 所示，使該閥 65 通氣引導氣壓引導方向閥 67,68，將推桿推退空間 72 內氣壓排除，且氣壓經該閥 81 未引導梭動端、共氣端流入推桿推進空間 71，產生具有機件彈推及氣壓雙重加強的煞車推力，使行車中的煞車力較前述習見結構更強、更減輕泵氣負荷量、更縮短泵氣補充時間等種種增益功效，另外，如前圖 6-31 所示，釋放各種煞車行車時，該閥 81 共氣端及引導端將推桿推進空間 71 內氣壓排返至推桿推退空間 72，迅速補充釋放煞車氣壓量，使煞車釋放更快速。而圖 6-34 則為系統故障(如管路不正常損壞漏氣等)，使泵氣壓不足時，此時低壓感應電開關 69A 感應引導電磁引導方向閥 69B 流通氣壓，使該閥 68B 流往氣壓引導方向閥 67,68 引導端氣壓大於該些閥 65,66 流往氣壓引導方向閥 67,68 引導端氣壓，迫使該些梭動閥 69 自動關閉該些閥 65,66 流往氣壓引導方向閥 67,68 引導端通路，不產生引導供氣衝突，使該些閥 67,68 完全受該閥 69B

引導，將推桿推退空間 72 內氣壓排除，產生機件彈力煞車將車煞停，靜待修護完成，才能再開，具有低壓自動即時安全煞車效果。至於以快速接頭 63 管接之子車煞車迴路 62，如圖所示，該迴路 62 可由至少一儲氣桶 100、第一梭動閥 101、第二梭動閥 102、至少一氣壓引導進氣方向閥 103 及至少一氣壓引導排氣方向閥 104 所組成，該些閥 103,104 可為三口二位閥體，或封閉排氣另端之四口二位閥體，且進氣端皆連通儲氣桶 100，而前述主車迴路 61 之氣壓源 64、腳煞車氣壓方向閥 65 進氣另端管路、駐停手煞車氣壓方向閥 66 進氣另端管路及引導電磁引導方向閥 69B 之進氣另端管路，個別以快速接頭 63 接續至子車煞車迴路 62，使氣壓源 64 通往儲氣桶 100，腳煞車氣壓方向閥 65 進氣另端經第一梭動閥 101 一梭動端，從第一梭動閥 101 共氣端通往該閥 103 之引導端，駐停手煞車氣壓方向閥 66 進氣另端經第二梭動閥 102 一梭動端，從第二梭動閥 102 共氣端通往該閥 104 之引導端，且第一梭動閥 101 未連通腳煞車氣壓方向閥 65 之另一梭動端，通往第二梭動閥 102 連通駐停手煞車氣壓方向閥 66 進氣另端之梭動端，而第二梭動閥 102 通往駐停手煞車氣壓方向閥 66 之另一梭動端，通往引導電磁引導方向閥 69B 之進氣另端管路，並使該些氣壓引導進氣方向閥 103 連通子迴路各煞車分泵 200 之推桿推進空間 201，該些氣壓引導排氣方向閥 104 連通子迴路各煞車分泵 200 之推桿推退空間 202， 且如同前述，子迴路煞車分泵 200 亦並連排氣速動管路 80，使子車迴路 62 亦能接受前述主車迴路 61 各項氣動訊號引導，產生與主車迴路 61 約略同步、同等增益煞車效率，使牽掛子車之重型車輛，全車各輪皆有完整的煞車機制。

從上所述可知，本創作之此種制動增效式全氣壓煞車系統，確實具有改進重型輪式車輛全氣壓煞車系統煞車效率之新煞車系統，能縮小煞車分泵耗氣量，以較低之泵氣壓力完成煞車，且煞車分泵受氣壓推伸推桿時，皆有機械彈力助壓，減少泵氣壓消耗等功效，且未見諸公開使用，合於專利法之規定，懇請賜准專利，實為德便。

須陳明者，以上所述者乃是本創作較佳具體的實施例，若依本創作之構想所作之改變，其產生之功能作用，仍未超出說明書與圖示所涵蓋之精神時，均應在本創作之範圍內，合予陳明。

(五) 申請專利範圍

1. 一種制動增效式全氣壓煞車系統，主要由一氣壓煞車迴路、至少與輪軸等數之煞車分泵、並接煞車分泵之排氣速動管路及各輪之車輪煞車制動件所構成，其中該些煞車分泵為一平端伸出推桿的圓柱筒，且圓柱筒內塞入一固接推桿的活塞，推

桿固接活塞另端連接車輪煞車制動件，將圓柱筒隔成推桿推進空間及推桿推退空間，於推桿推進空間內，設有第一彈簧，推桿推退空間內，設有第二彈簧，第一彈簧彈力比第二彈簧彈力強，使活塞恆有彈簧助力推送推桿，且圓柱筒壁對應推桿推進空間及推桿推退空間適當位置，分別設透氣孔管接氣壓煞車迴路及排氣速動管路，使氣壓得以作用推桿推伸同時，亦有彈力增壓者。

2. 如申請專利範圍第 1 項之制動增效式全氣壓煞車系統，所述氣壓控制迴路由主車迴路串接至少一子車煞車迴路所構成，該主車迴路可由至少一組氣壓源、一腳煞車氣壓方向閥、一駐停手煞車氣壓方向閥、數氣壓引導方向閥、數梭動閥、一低壓感應電開關及一電磁引導方向閥所組成，該些氣壓源直接供氣至腳煞車氣壓方向閥、一駐停手煞車氣壓方向閥、數氣壓引導方向閥及電磁引導方向閥之進氣端，而腳煞車氣壓方向閥、駐停手煞車氣壓方向閥之進氣另端分別經對應之梭動閥，接至氣壓引導方向閥之引導端，氣壓引導方向閥進氣另端，接通對應煞車分泵之推桿推退空間，而低壓感應電開關之感應低壓端接通氣壓源，低壓感應電開關之開關部份，電接至電磁導引方向閥之電磁引導端，且該電磁導引方向閥進氣另端經梭動閥接往氣壓引導方向閥引導端，並將腳煞車氣壓方向閥、駐停手煞車氣壓方向閥，與電磁導引方向閥接成回位狀態排氣，該些氣壓引導方向閥接成回位狀態進氣者。

3. 如申請專利範圍第 2 項之制動增效式全氣壓煞車系統，所述子車煞車迴路由至少一儲氣桶、第一梭動閥、第二梭動閥、至少一氣壓引導進氣方向閥及至少一氣壓引導排氣方向閥所組成，該些氣壓引導進氣方向閥及氣壓引導排氣方向閥進氣端皆連通儲氣桶，而前述主車迴路之氣壓源、腳煞車氣壓方向閥進氣另端管路、駐停手煞車氣壓方向閥進氣另端管路及引導電磁引導方向閥之進氣另端管路，各別以快速接頭接續至子車煞車迴路，使氣壓源通往儲氣桶，腳煞車氣壓方向閥進氣另端經第一梭動閥一梭動端，從第一梭動閥共氣端通往該些氣壓引導進氣方向閥引導端，駐停手煞車氣壓方向閥進氣另端經第二梭動閥一梭動端，從第二梭動閥共氣端通往該些氣壓引導排氣方向閥引導端，且第一梭動閥未連通腳煞車氣壓方向閥之另一梭動端，通往第二梭動閥連通駐停手煞車氣壓方向閥進氣另端之梭動端，而第二梭動閥通往駐停手煞車氣壓方向閥之另一梭動端，通往引導電磁引導方向閥進氣另端管路，並使氣壓引導進氣方向閥連通子煞車迴路各煞車分泵之推桿推進空間，氣壓引導排氣方向閥連通子煞車迴路各煞車分泵之推桿推退空間，

且子煞車迴路各煞車分泵並連排氣速動管路者。

4. 如申請專利範圍第 2 或第 3 項之制動增效式全氣壓煞車系統，所述排氣速動管路，係為一單側引導梭動閥，該單側引導梭動閥之引導梭動端接至推桿推退空間，未引導梭動端接至腳煞車氣壓方向閥出氣端，而共氣端及引導端接至推桿推進空間者。

5. 如申請專利範圍第 3 項之制動增效式全氣壓煞車系統，所述該些氣壓引導進氣方向閥及該些氣壓引導排氣方向閥係為三口二位閥體者。

6. 如申請專利範圍第 3 項之制動增效式全氣壓煞車系統，所述該些氣壓引導進氣方向閥及該些氣壓引導排氣方向閥係為封閉排氣另端之四口二位閥體者。

7. 如申請專利範圍第 1 項之制動增效式全氣壓煞車系統，所述氣壓控制迴路由僅由一主車迴路所構成，該主車迴路可由至少一組氣壓源、一腳煞車氣壓方向閥、一駐停手煞車氣壓方向閥、數氣壓引導方向閥、數梭動閥、一低壓感應電開關及一電磁引導方向閥所組成，該些氣壓源直接供氣至腳煞車氣壓方向閥、一駐停手煞車氣壓方向閥、數氣壓引導方向閥及電磁引導方向閥之進氣端，而腳煞車氣壓方向閥、駐停手煞車氣壓方向閥之進氣另端分別經對應之梭動閥，接至氣壓引導方向閥之引導端，氣壓引導方向閥進氣另端，接通對應煞車分泵之推桿推退空間，而低壓感應電開關之感應低壓端接通氣壓源，低壓感應電開關之開關部，電接至電磁導引方向閥之電磁引導端，且該電磁導引方向閥進氣另端經梭動閥接往氣壓引導方向閥引導端，並將腳煞車氣壓方向閥、駐停手煞車氣壓方向閥，與電磁導引方向閥接成回位狀態排氣，該些氣壓引導方向閥接成回位狀態進氣者。

8. 如申請專利範圍第 2 或第 7 項之制動增效式全氣壓煞車系統，所述腳煞車氣壓方向閥、駐停手煞車氣壓方向閥、數氣壓引導方向閥、電磁引導方向閥為三口二位閥體者。

9. 如申請專利範圍第 2 或第 7 項之制動增效式全氣壓煞車系統，所述腳煞車氣壓方向閥、駐停手煞車氣壓方向閥、數氣壓引導方向閥、電磁引導方向閥為封閉排氣另端之四口二位閥體者。

註： 本專利案之書寫體例應同前章六之二節說明，但為使讀者能順暢閱覽，本節試將圖 6-25～6-34 圖式挪移至本第三小節之後至本第四小節〔創作說明〕之間敘述，如此應利於先圖後文對照，方便瞭解本專利案內容。

問題與討論

1. 在自動煞止倒溜之車輛煞車系統專利案中,其系統特性為何?符合專利法哪一條文?予以核准是否有專利範圍保護不足之處?

2. 氣壓與油壓煞車系統併用,具有創新價值嗎?為什麼?請予分析說明並提出建議。

3. 具增效功能之全氣壓煞車系統,具有何種特性?能否再改良?請試予分析說明。

4. 請學習者上經濟部智慧財產局專利檢索網站(參考本書附錄 A),查詢某一個公開專利案(可挑選與學習者有興趣研究的專利作品),給予作品(產品)特性描述及專利法與施行細則之適用條文,分析其專利範圍是否有保護不周之處?

7

創意與創新實品得獎例

一、創意的隨車千斤頂─可隨地面坡度自動調
　　整頂高中心的頂車工具

二、車輛差速器變成煞車輔助器

三、輕鬆更換拋錨車輛輪胎的隨車(手搖轉)工具

一、創意的隨車千斤頂─可隨地面坡度自動調整頂高中心的頂車工具

創作名稱：具電力輔助之隨車換胎工具組（2005 年德國 IENA 紐倫堡國際發明展銅牌獎）

(一) 構想產生

　　車輛是現今昀主要的交通工具，全球每個人幾乎都會很頻繁地利用它，享受它帶給我們古人所未有的路上遠行效率，而隨著汽車普及，每家汽車製造廠製造的車輛，除自身的創新設計配備以外，很多常見的車身零件都已有一定的規格劃分，以便於與多家製造廠、支援廠的零件相容，使零件的替換不受阻礙，連車輪本身胎身層數、胎寬、鋼圈大小、輪胎螺帽都有一定的標準規格，另外各國行車習慣及規範上，都已宣導得令每位車主知曉，車上必須準備基本的隨車工具，以便路上臨時汽車故障拋錨，而附近又沒修車廠時，能即時自行動手進行緊急修復，以免影響交通安全且耽擱行程太久，而路上臨時汽車故障拋錨，昀常見的就屬輪胎爆胎了，只要有一只車輪爆胎，汽車即完全無法安全駕駛。

　　依據交通法規規定，每家車廠對所銷售車輛的標準配備上，必須備有隨車修護工具組，因此，車廠都會在後行李箱隔層底藏置一只備胎，以及拆換車胎的工具組，提供駕駛者路上更換，其隨車工具如圖 7-1 所示。

　　目前隨車工具中，設置能拆換車胎的工具組，包含輪胎螺帽扳手，如圖 7-2 之代號 20 及圖 7-3 之千斤頂，代號 10；千斤頂搖桿，代號 12。

　　輪胎螺帽 40,41，旋鬆一圈左右，再立即將千斤頂 10 放到欲拆卸輪胎 30 近旁，對應車底盤或大樑適當位置的地面上，並以千斤頂搖桿 12 勾接勾環 11，搖旋該搖桿 12 使千斤頂 10 推動車身舉升，如圖 7-3 所示，讓欲拆換的車輪 30 架高懸空，再用輪胎螺帽扳手 20 將欲換下輪胎 30 的輪胎螺帽 40,41 完全旋卸下，換上另一個輪胎(通常為備胎)，再以輪胎螺帽扳手 20 反向將輪胎螺帽 40,41 一一鎖回，然後旋降，抽出千斤頂 10，再次鎖緊

圖 7-1　可拆換車胎的工具組

所有的輪胎螺帽 40,41 後，即完成換胎工作。

圖 7-2　輪胎螺帽扳手

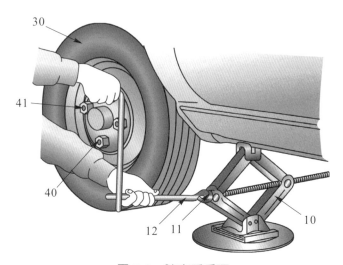

圖 7-3　隨車千斤頂

作者經由觀察，此型換胎工具組之使用，有以下幾點缺失：

1. 完全仰賴人力搖轉千斤頂及鎖緊輪胎螺帽，而這些搖轉程序要經過很多圈搖轉才能完成，且半路拋錨多在趕時間下，要立即完成換輪胎，將迫使雙手搖轉得更為忙碌，讓駕駛者對臨時換胎備感吃力，尤其現今社會有很多女性、老年駕駛者，對耗力的扳轉修護工作難以接受，使臨時自行換胎的規劃及隨車工具，無法使每位駕駛感覺方便，樂於接受，如圖 7-4 所示。

圖 7-4　困難的扳轉旋鬆車輪螺帽工作

2.　人力搖轉速度因人而異，路上需臨時換胎的緊迫時間內，難以分分秒秒準確地掌控修護進度，且不是常有換胎時機，讓駕駛養成快速熟練的換胎技巧，容易因平時疏於演練，或因肌力不足或操作方法不正確或更換車胎程序錯誤，造成換胎工作時間耽擱，甚至產生危險，如圖 7-5 所示。

圖 7-5　即使施出全力亦不易頂升車體

3.　目前隨車千斤頂底盤面積狹小，雖有強力撐高效果，但使用者仰賴隨車千斤頂將車體頂起後，仍不免擔心千斤頂狹小的接地面，架撐是否不穩？換胎當中，不小心橫向移動到千斤頂，可能會使千斤頂斜垮或導致車體驟然墜地而傷及車底盤下換修的人員，如圖 7-6、圖 7-7 所示。

圖 7-6　停置於傾斜坡度的車輛　　　　圖 7-7　千斤頂狹小接地面置放在鬆軟地面

　　其次，如碰到頂升車體地面不平，稍有坡度或小土坑等傾斜面時，會讓使用者增加工作上的危險，如圖 7-8 及圖 7-9 所示。

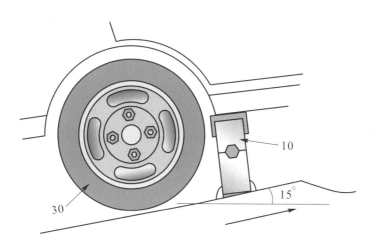

圖 7-8　後輪在上坡 15° 之千斤頂狀態

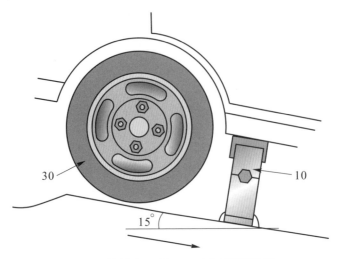

圖 7-9 後輪在下坡 15° 之千斤頂狀態

　　因此幾乎每位駕駛者，除非萬不得已，必須要臨時自行換胎，否則，寧可不用隨車工具組，以避免發生意外，此使得換胎工具的便利性和安全度大打折扣。

　　本節由於篇幅限制，對於上述 1.與 2.之使用人力搖轉車輪螺帽工具組的缺點與創新改良拆裝輪胎螺帽方法與工具部份，如前第四章「創意之實品創作」之內容所敘，不予贅述，本節謹舉隨車工具組千斤頂部分之創新與創意構想詳予說明。

(二) 繪製圖形

　　當構想生成，即試繪出具有創意之不同型式圖形。以下說明代號作用功能：

　　將一般隨車千斤頂 50 之基座擴大，裝置在加大面積的千斤頂基盤 60 上，而該基盤由下座盤平板 62 與滑扣軌塊 61 千斤頂上座基盤 60 組合而成，當手搖轉升千斤頂 50 及車體時，基盤可以發揮穩定車體的效果，如圖 7-10 所示。

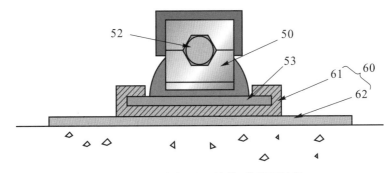

圖 7-10　具有加大面積的千斤頂基盤

創意圖形型式之二，其代號作用功能說明如下：

在千斤頂基盤 60 與滑扣軌塊 61 之間設計一滑滾塊 64，則千斤頂具有在限定角度內傾斜作用，並於滑扣軌塊 61 周緣，裝置彈性體 65,66，當在傾斜地面頂升千斤頂時，其舉升車輛之重力以反作用力壓迫千斤頂基盤 60 上的彈性體例如橡膠體，並以一傾斜角度貼緊地面而使頂升中心保持垂直，進而達到安全頂車目的，如圖 7-11 所示。

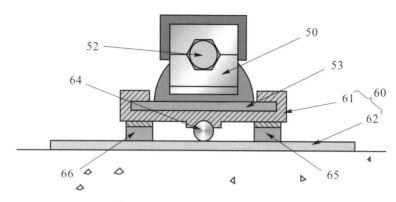

圖 7-11　彈性體保持式千斤頂

創意圖形型式之三，其代號作用功能說明如下：

在千斤頂基盤 60 與滑扣軌塊 61 之間設計一滑滾塊 64，則千斤頂具有在限定角度內傾斜作用，並於滑扣軌塊 61 周緣，裝置如圈狀等型式彈簧 65,66，當在傾斜地面頂升千斤頂時，其舉升車輛之重力以反作用力壓迫千斤頂基盤 60 上彈簧並以一傾斜角度貼緊地面而使頂升中心保持垂直，進而達到安全頂車目的，如圖 7-12 所示。

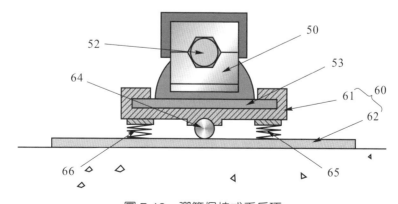

圖 7-12　彈簧保持式千斤頂

創意圖形新型式之四，其代號作用功能說明如下：

在千斤頂基盤 60 與滑扣軌塊 61 之間設計一球體 64，則千斤頂具有在 360°任一方位角度之限定傾斜角度內作用，原滑扣軌塊 61 周緣之裝置如彈性體或圈狀等型式彈簧 65,66 則予以取消，當在傾斜地面頂升千斤頂時，其舉升車輛之重力以反作用力壓迫千斤頂基盤 60 上之球體 64，並使基盤以任一方位之傾斜角度貼緊地面而使頂升中心保持垂直，進而達到更安全頂車目的，如圖 7-13 所示。

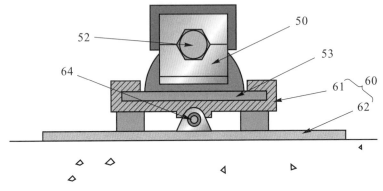

圖 7-13　球體保持式千斤頂

(三) 原型實作

當圖形完成，即依照圖形將原型作出，並與習用之隨車千斤頂比較操作，觀察其安全特性，通常習用隨車千斤頂之操作，當開始隨車換胎工作而以千斤頂 50 頂升車體，放置千斤頂的地面不平整時，其頂升中心因基盤隨地面傾斜角度改變而歪斜，稍一不慎，車輛即有墜落危險。如圖 7-14 所示。

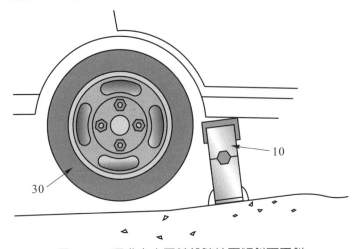

圖 7-14　頂升中心因基盤隨地面傾斜而歪斜

當以千斤頂實地操作後，觀察與原先構想推論結果能相符合。亦即隨車換胎工具以改良後原型千斤頂 50 頂升車體時，由於千斤頂底卡接的千斤頂基盤 60，有較寬廣的貼地面積，使千斤頂 50 對車身離地的支撐更加穩定。且放置千斤頂 50 的地面不平整時，千斤頂 50 頂到車底大樑後，反作用力於千斤頂 50 產生自動調整垂直頂升中心，且使千斤頂基盤 60 順應地面斜度偏擺，與地面恆保持最廣的貼地面積，如圖 7-15 所示。。

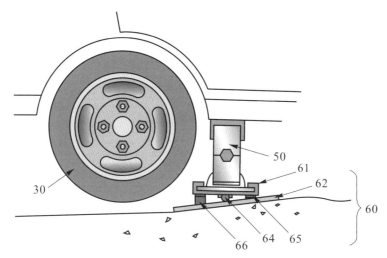

圖 7-15　原型千斤頂產生自動調整垂直頂升中心

(四) 得獎敘述

　　一般隨車換胎工具組，主要包括：一千斤頂、一千斤頂基盤(上座盤)及一手動扳手，其中經改良後的千斤頂為螺桿旋升式隨車千斤頂，特別將導接動力之螺桿桿端製成如輪胎螺帽同等大小的螺絲頭，且底部設有塊緣向外側凸伸之銜接塊，而千斤頂基盤為一端板面中央位置，凸設滑扣軌塊的一平板，千斤頂之銜接塊緣能擠入滑扣軌塊之軌溝內，使千斤頂夾固於該基盤(上座盤)上端，藉由平板較大的貼地板面積，使千斤頂放置更平穩。

　　其次，本創新千斤頂，設有一貼地面較寬廣的千斤頂下座盤，可卡接於千斤頂底座。千斤頂基盤將車體頂起後，不需擔心千斤頂整體貼地面狹小，架撐不穩，且千斤頂下座基盤較寬廣的貼地面，使操作者能夠在更安全環境中從事換胎工作，如圖 7-16 所示。

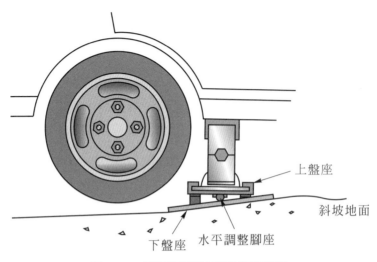

上盤座

斜坡地面

下盤座　　水平調整腳座

圖 7-16　下座基盤較寬廣的千斤頂

　　由上所述，經邏輯推理得知，換胎中，不易因橫向外力而使頂高之車體千斤頂產生橫移斜垮導致頂升的車體驟然墜地、壓傷車底人員的情形，且千斤頂基盤(上座盤)卡接千斤頂之滑扣軌塊底，與貼地之下座盤平板之間，兩側適當位置可設置彈性體或裝置球窩體，使千斤頂頂斜車體或在不平整地面放置千斤頂，頂升車體時，頂撐反壓的重力，將反作用推動千斤頂，不斷向垂直於水平面的鉛直線彈正，使千斤頂頂撐車體更穩定，讓駕駛者必須自行換胎時，更能信賴隨車千斤頂的頂撐安全性，如圖 7-17 所示原型。

圖 7-17　下座基盤寬廣且裝置一球窩體的原型千斤頂

(五) 本專利獲獎特色

1. 球體保持式千斤頂，基座具有較大之面積，減少對地面的接地壓力而不致於沉陷，具有創意性。

2. 因具不易沉陷特性，使千斤頂舉升車體不易發生因千斤頂舉升中心傾斜而導致車輛墜落傷人之危險事件，具備操作使用安全性。

3. 球體保持式千斤頂，上下座盤間自動形成角度變化，而於頂升車體時，因車輛重力，反推動千斤頂使垂直於水平地面，而使千斤頂維持於更穩定狀態，尚具理想性。

4. 不同型式之基座，讓使用者因不同需求而有選擇機會，擴大產品功能利用性。

5. 基於專利創新延伸概念，另設計手搖轉工具，可達到快速省力省時安全之隨車換胎工具組而具有技術進步性，增加未來競爭性。

6. 由於具有超越習用隨車換胎工具之安全操作特性且成本增加不多而具量產經濟價值性。

二、車輛差速器變成煞車輔助器

創作名稱：速差增強煞車輔助系統(2006 年德國紐倫堡國際發明展金牌獎)

(一) 構想產生

作者早期入門車輛修護行業，曾經觀察一部大型手排變速箱車輛的故障現象，即駕駛人誤打入兩個檔位時，變速箱立即停止動力輸出，且於離合器接合後，動力來源之柴油引擎隨即熄火停轉，這種現象，因車輛製造原廠於後來出廠之各型汽車，於設計上予以修正改良而較少發生。

多年之後的民國 95 年 12 月 3 日，中部梅嶺地區一部遊覽車，因煞車失靈，產生下坡轉彎車速過快而翻覆墜崖，不幸導致車上人員 21 人死亡、24 人輕重傷之重大交通事故，此事件，作者立刻想起多年前曾經觀察到的機械齒輪因減速比不同而同時予以接合動力時的「卡死」作用是否可以創意性地予以應用，做成一套利用兩組差速器之不同「速差」比產生之強大機械力作為增強煞車之輔助系統。

此原理應用，係於車輛最少兩輪軸向之兩側車輪之間，皆設有最終傳動裝置，與車輛之傳動軸連接，一輪軸向兩側車輪間所設的最終傳動裝置，減速比少於其它最終傳動裝置，且任兩最終傳動裝置之間，傳動軸上適當位置，串設一動力接合器，傳動軸動力經減速比最少的最終傳動裝置，再經動力接合器傳至減速比較大的最終傳動裝置，當車輛行進時，每個動力接合器皆切斷動力，使傳動軸動力僅由減速比最少的最終傳動裝置，輸出到對應的兩側車輪，而其它最終傳動裝置空轉，得以駕駛速度行進，當煞車時，除常設的煞

車機制煞車減速外，同時觸發動力接合器接合，使動力傳到其它最終傳動裝置，驅動對應的車輪，使煞車瞬間產生速度遞減的前後輪速差傳動，使減速增大的車輪承載部份，立即造成車速的拖泥阻擾，達到輔助強迫煞車，使煞車產生更安全的功效。

自從人類懂得利用車輪(包含三輪或三輪以上，輕、重型輪式車輛、各種工程特種車輛、拖車等)之發明以來，除方便人們的行動，也縮短人與人的空間隔閡。地球上的人類，現今倚賴陸上各式各樣車輛，就能在一天或更短的時間內，很快到達古人必須以雙腿行走數十天或數月的目的地，也因為車輛的具便利性與高效率特性，使進步的社會非得藉由它增進交通往來，車輛儼然已成為現代人的第二雙腳。

雖然車輛科技日新月異，例如強度結構、製造技術、生產管理等，發展到目前已非常成熟，但人類的天性永遠是往更有效更進步的方向前進，因此，現今仍可以看到的許多極速車輛，或者超載重、特立獨行、野外專用特性等車輛，紛紛出現，此突顯一個事實，人類永遠不滿足動力車輛的速度及動力，不論基於加快車速節省駕駛時間，或者提高熱效率達到更高速省油的理由，競相往高速高馬力的境界挑戰，使得車輛高速下的煞車性能面臨嚴重考驗。

也因此，設計構想一套在高速強大的運動慣性下，仍能發揮良好制動性能，保障人車平安的煞車系統，從車輛科技領域之創意與創新角度思考，是屬極為值得與必須發展與從事的工作任務。

由此，各大車廠稍後即發展出一種 ABS 的防滑煞車輔助系統出現，其作用在煞車瞬間，監控各個車輪，不使車輪瞬間煞車鎖死，可交叉控制前後車輪於鎖死的臨界值前，稍放鬆對車輪的煞止作用，使車輪慢慢滾轉停止(維持動摩擦)，以防止車輛高速下車輪不打滑而能產生較好的煞車效果。時至今日，現代的車輛於出廠時即加裝 ABS 系統，成為標準配備，此證實煞車輔助系統裝於既有的煞車機構，加強煞車性有其必要。

但 ABS 系統，對於如大型砂石工程運輸及大型聯結車輛因載重增加，引發車速過快的慣性煞止作用，並沒有更顯著的幫助。

因此，基於車速越來越快，車身承載越來越重，必須輔助既有煞車系統，強化煞車能力的缺失及問題，加上前述梅嶺大車禍後的反思與感想，促使作者著眼於以機械結構強力耐嚙合的特點為主體的傳動方式，在煞車時立即強迫降低車速為目標，使如大型遊覽車、聯結砂石車般，因載重增加，引發車速過快的煞止作用，也能有明顯的煞車減速效果。

本專利創意與創新的創作目的，即旨在提供一種速差增強煞車輔助系統，其係在車輛之多只輪軸之間，皆設有最終傳動裝置，於煞車時，除一般煞車機制外，同時觸發平時未

驅動車輪之其它最終傳動裝置傳到車輪的動力，使煞車瞬間前後輪產生速度遞減的速差傳動，使減速增大的車輪承載部份，立即造成車速的拖泥阻擾，達到輔助強迫煞車，使煞車具有更安全迅速有效的功能。

其次，本創作構想目的旨在提供一種「速差增強煞車」輔助系統，其在煞車時，立即產生以機械力強迫傳動各車輪，形成差速的速度拖減輪速的功效。它可和習見 ABS 防滑煞車輔助系統結構相配合使用，不影響 ABS 防滑煞車輔助系統作用，且對如砂石運輸工程等重型車輛因載重增加，引發車速過快的慣性煞止作用，具有更顯著的幫助。

(二) 繪製圖形

本小節在敘述本專利創作之詳細構造與應用原理及作用與功效，請讀者參照下列依附圖所作之說明，可了解從創意到實品原型創新歷程。

圖示元件編號與名稱對照如下述：

1	液壓煞車油路	700	動力接合器
2,3,4,5	車輪	800	電磁線圈
6	動力缸	801	機械壓板
7	煞車盤	802	單板離合器片
8	手煞車	803	傳動蹄片
9	傳動軸	804	傳動轂
10	引擎	805	液壓活塞
20	離合器	806	傳動碟片
30	變速箱	807	油壓轉子
100,101,102,103	車輪	808	定子殼
104,105	傳動軸	809	傳動來令帶
200,201	最終傳動裝置	810	多片來令片
300	動力接合器	811	行星齒輪組
400,401,402,403	車輪	812	太陽齒輪
500,501	最終傳動裝置	813	行星齒輪支架
601,602	傳動軸	814	環齒輪
602A	傳動軸前段	900	拖車
602B	傳動軸後段		

　　習見的車輛煞車系統，裝置於前輪驅動之小貨車煞車系統，如圖 7-18 所示，主要以液壓煞車油路 1 傳到各車輪 2,3,4,5 內，產生油壓壓迫動力缸 6 煞止套接車輪 2,3,4,5 的煞車盤 7 爲之，另外還設有一套主要供停駐車用之手煞車 8，可煞止傳動軸 9 傳動，僅靠既有這些煞車結構，將引擎 10 動力經離合器 20、變速箱 30 傳到傳動軸 9 驅動車輪 2,3 的傳動動力煞止，單以這些結構，已逐漸無法勝任日益增快的車輛速度任務與需求，且高速下，操作這些煞車系統很容易將車輪鎖死，反而導致車輪停轉呈現輪底滑溜(靜摩擦)現象，讓車輛煞車停止距離更遠，更容易產生碰撞危險。

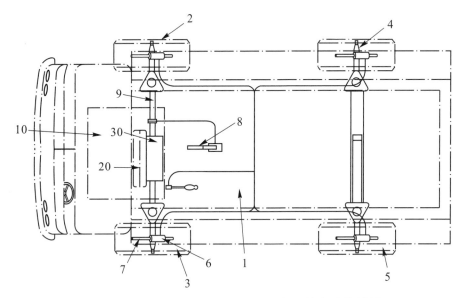

圖 7-18　習見前輪驅動之小貨車煞車系統與底盤結構

　　前輪驅動小貨車應用本創作速差增強煞車輔助系統之底盤結構，如圖 7-19 所示。

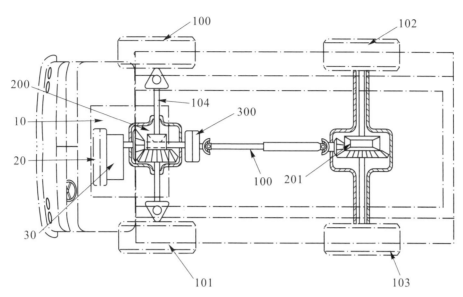

圖 7-19　小貨車應用速差增強煞系統之底盤結構

　　由圖示知，此速差增強煞車輔助系統，係為小貨車前、後輪兩輪軸向之兩側車輪(100與 101,102 與 103 之間，皆設有最終傳動裝置 200,201) (可如圖所示的差速器，或僅由角齒輪驅動盆型齒輪的減速裝置等)，與車輛之傳動軸 104,105 連接，行車驅動之輪軸兩側車輪 100,101 之間，所設的最終傳動裝置 200，減速比少於其它最終傳動裝置 201，且任兩最終傳動裝置 200,201 之間，傳動軸 105 上適當位置，串設一動力接合器 300，傳動軸 105動力必先經減速比最少的最終傳動裝置 200，再經動力接合器 300 傳至減速比較大的最終傳動裝置 201，藉由該動力接合器 300，控制傳動軸 105 將動力經一最終傳動裝置 200 傳到另一最終傳動裝置 201 的的動力銜接，進行差速減速或正常行駛時的動力切斷，如上圖7-19 所示。

　　本系統應用於後輪驅動重型車輛時，其速差增強煞車輔助系統之底盤結構示意，如圖7-20 所示。

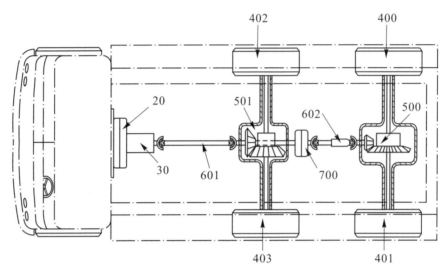

圖 7-20　後輪驅動重型車輛應速差增強煞車輔助系統之底盤結構

　　此系統可於車兩組後輪軸向之兩側車輪(400 與 401,402 與 403)之間，皆設有最終傳動裝置 500,501(如圖所示的差速器，或僅由角齒輪驅動盆型齒輪的減速裝置等)，與自動車之傳動軸 601,602 連接，行車驅動之輪軸向兩側車輪 402,403 間，所設的最終傳動裝置 501，減速比少於其它最終傳動裝置 500，且任兩最終傳動裝置 500,501 之間，傳動軸 602 上適當位置，串設一動力接合器 700，傳動軸 601,602 動力必先經減速比最少的最終傳動裝置 501，再經動力接合器 700 傳至減速比較大的最終傳動裝置 500，藉由該動力接合器 700，控制傳動軸 601,602 將動力經一最終傳動裝置 501 傳到另一最終傳動裝置 500 的的動力銜接，進行差速減速，或正常行駛時的動力切斷，圖 7-20 所示以重型車輛為例說明其作用情形。

　　當車輛正常行進時，引擎帶動傳動軸 601,602 的動力，僅由減速比最少的最終傳動裝置 501，輸出到對應的兩側車輪 402,403，產生駕駛推進速度 V1，而其它最終傳動裝置 500 因前述的動力接合器 700，保持動力切斷狀態，使最終傳動裝置 500 空轉，不將動力輸出至兩側車輪 400,401，不干擾行車速度，可被驅動輪帶轉推動，使所有車輪同時產生行車速度 V1，故能正常地以駕駛速度驅車前進。如圖 7-21 所示。

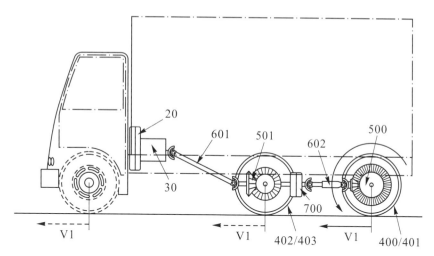

圖 7-21　重型車輛正常行進作用情形

　　當煞車時，除既設的煞車機制產生煞車減速外，駕駛者踩煞車的瞬間，同時觸發前述之動力接合器 700 接合最終傳動裝置 500 傳到車輪 400,401 的動力，由於非驅動輪(即車輪 400,401)間的最終傳動裝置 500，有較大的減速比，使對應接合動力的車輪 400,401，接合瞬間產生強制性的機械減速效應，輪速立即降至如圖 7-22 所示 V3 的前進速度，使原先被驅動輪推動虛線向量 V1 的行車速度，必產生一反向拖曳速度 V2，才能達到速度調降為 V3 的現象，因此行車動力於煞車作用同時，會迫使驅動輪 402,403 的行車速度必須抵減拖曳速度 V2，使行車速度立即煞減，以小於行車速度 V1 的減速 V4，同時受既有的車輪煞車系統煞止，達到強力輔助煞車的效果，且隨著非驅動輪處承載重量的增重，煞車時，更使得驅動輪(即車輪 402,403)對轉速較慢、越加笨重的非驅動輪(即車輪 400,401)繼續推轉更加不易，而非驅動輪處的承重運動慣性亦受自身機械式的差速動力而強迫降低，使車輛負重情況下，能仍產生更好的煞車停止效果，而煞車當中，固然非驅動輪(即車輪 400,401)受到驅動輪(即車輪 402,403)較快速的推滾，會產生些許的滑動，但驅動輪仍保有差速及車輪煞車下，轉速遞減的滾轉抓地力，因此對全車的煞車安全並無妨礙，由此能完全造成車速的拖泥阻擾，達到輔助強迫煞車，使煞車更安全有效，用於多輪組的重型車輛，更能發揮差速煞車呈現數級遞減的煞止效果。於停止煞車，釋放煞車踏板瞬間，同時驅使動力接合器 700 切斷最終傳動裝置 501 傳到另一最終傳動裝置 500 的動力，而使全車車輪 400,401,402,403 回復到前圖 7-20 所示，由驅動輪驅動全車前進的狀態，如圖 7-22 所示。

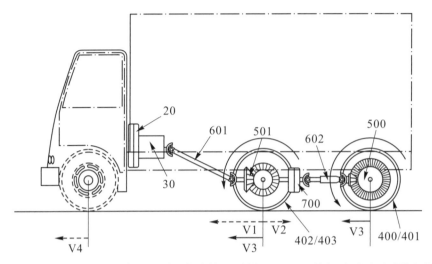

圖 7-22　行車動力於煞車作用同時，會迫使驅動輪 402,403 的行車速度必須抵減拖曳
速度 V2，使行車速度立即煞減。

本創作速差增強煞車輔助系統，復可應用在拖車車輪結構上，使加掛拖車 900 之延伸行進長度之車輛，於煞車時，拖車 900 亦有強力煞車減速的效果，如圖 7-23 所示。

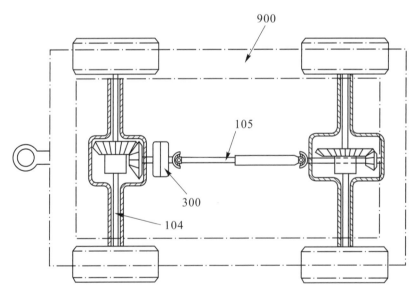

圖 7-23　強力煞車減速系統應用在拖車車輪結構

至於前述各動力接合器 300,700 現有多種結構可應用實施，例如以電磁線圈 800 電控的電磁離合器，如圖 7-24 所示。

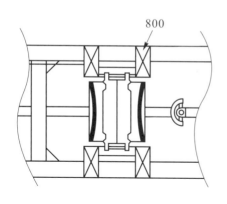

圖 7-24　以電磁線圈電控電磁離合器

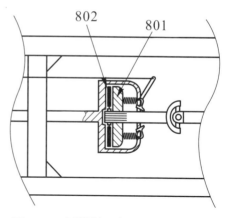

圖 7-25　以機械壓板壓合單板型離合器

以機械壓板 801 壓合單板離合器片 802 的離合器，如圖 7-25 所示。

以傳動蹄片 803 壓合傳動轂 804 的離合器，如圖 7-26 所示。

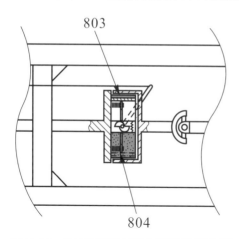

圖 7-26　以傳動蹄片壓合傳動轂離合器

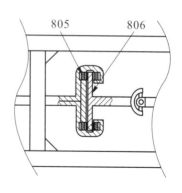

圖 7-27　以液壓活塞壓合傳動碟片離合器

以液壓活塞 805 壓合傳動碟片 806 的離合器，如圖 7-27 所示。

以油壓轉子 807 壓合定子殼 808 的離合器，如圖 7-28 所示。

以傳動來令帶 809 束壓多片來令片 810 的離合器，如圖 7-29 所示。

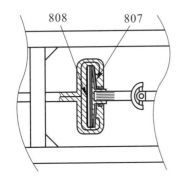

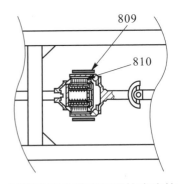

圖 7-28　以油壓轉子壓合定子殼離合器　　圖 7-29　以傳動來令帶束壓多片來令片離合器

可至少一組的行星齒輪組 811 做為本創作前述之動力接合器，如圖 7-30 所示。

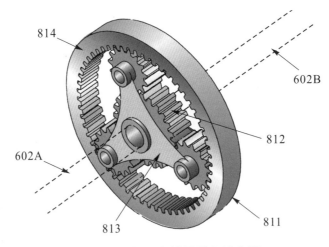

圖 7-30　行星齒輪組動力接合器

　　如前圖示，以至少一組的行星齒輪組 811 做為本創作前述之動力接合器 300,700，當鎖住該行星齒輪組 811 之太陽齒輪 812、行星齒輪支架 813、環齒輪 814 之任兩只齒輪時，即形成傳動軸前段 602A 與傳動軸後段 602B 的直接傳動，並可依釋放不同的鎖定齒輪，達到變減速的目的，同時具有可替代前述最終傳動裝置 500 的減速性質。

(三) 原型實作

　　作者宥限於個人資源不足，採用小型房車最終傳動差速器與後軸總成兩組，互予串連，其原型外貌，如圖 7-31 所示。

圖 7-31　小型房車最終傳動差速器與後軸總成

在兩差速器總成之間，串接一電磁離合器(構造參考圖 7-24 說明)，該離合器以導線連接至前拖車駕駛室，由測試人員以拖動行駛時之煞車踏板開關控制電磁離合器之接合與分離，如圖 7-32 所示。

圖 7-32　拖動行駛控制電磁離合器之接合與分離

當測試人員拖動時速達每小時 10 公里以上，隨即以緊急煞車方式踩下煞車踏板，此時之電磁離合器立即接合，讓兩組不同速比之差速傳動力量接合，產生拖滯阻力而增強輔助拖車之煞車力，同時以交通錐定點距離，以量測及比對煞車距離，驗證本專利創作之技術可行性，如圖 7-33 所示。

圖 7-33　拖車煞車試驗於定距內量測及比對煞車距離

(四) 得獎敘述

　　經由上述原型實車測試，本創作速差增強煞車輔助系統，多組輪軸間設置最終傳動裝置，確實具有於煞車時，除一般煞車機制外，同時觸發平時未驅動車輪之其它最終傳動裝置傳到車輪的動力，使煞車瞬間，前後輪產生速度遞減的速差傳動，使減速增大的車輪承載部份，立即造成車速的拖泥阻擾，達到輔助強迫煞車，使煞車具有更安全效果。

　　再透過模型實作，如圖 7-34 所示。

圖 7-34　可實際運轉觀測煞車效果模型(側視圖)

　　將兩組輪軸間設置不同速比之速差增強傳動裝置，以實際運轉觀測其煞車實驗效果，證明深具創意性、技術可及性、商品價值性與操作使用安全性，而得以勝出獲獎，如圖7-35 所示。

圖 7-35　　可實際運轉觀測煞車效果模型(俯視圖)

(五) 本專利獲獎特色

1. 經由上述原型實車測試，本創作之此種速差增強煞車輔助系統，確實具有多只輪軸間設置最終傳動裝置，於煞車時，除一般煞車機制外，同時觸發平時未驅動車輪之其它最終傳動裝置傳到車輪的動力，使煞車瞬間前後輪產生速度遞減及車速拖泥阻擾的速差傳動，達到輔助強迫煞車，使煞車具有更安全之功效，如此產生較佳煞車安全性。

2. 車輛之最終傳動裝置，減速比少於其它最終傳動裝置，且任兩最終傳動裝置之間，傳動軸上適當位置，串設一動力接合器，傳動軸動力經減速比最少的最終傳動裝置，再經動力接合器傳至減速比較大的最終傳動裝置，當車輛行進時，每個動力接合器皆切斷動力，使傳動軸動力僅由減速比最少的最終傳動裝置，輸出到對應的兩側車輪，而非傳動車輪之間的最終傳動裝置空轉，得以行車速度駕駛。

3. 本創作當煞車時，同時觸發動力接合器接合減速較多的最終傳動裝置，使動力傳到其它最終傳動裝置，驅動對應的車輪，於煞車瞬間產生遞減的前後輪速差傳動，使減速增大的車輪承載部份，立即造成車速的拖泥阻擾，以輔助強迫車輛煞車。

4. 可同時觸發動力接合減速之接合器計有七種型式，其適用性與商品選擇性豐富而具有經濟價值性。

5. 做出之原型成品甚具理想性，未來商品化之總成本單價降低，具有競爭性。

三、輕鬆更換拋錨車輛輪胎的隨車(手搖轉)工具

創作名稱：隨車換胎搖轉工具(2007 年國家發明創作獎銀牌獎／台北國際發明展金牌獎)

(一) 構想產生

如何設計一種價廉物美簡單易用不論男女老幼皆能操作使用的一種隨車換胎搖轉工具，是作者多年心願。常見路上車輪拋錨的車輛駕駛人急於更換故障車胎但又礙於隨車工具不理想(如前 3-3 頁第三章第三節所述)而陷入進退維谷與緊張倉皇甚至不知所措的窘境。

因此構想出以省力為主的減速齒輪方式，透過由一傳動箱與一傳動端套接手轉柄，另一傳動端則套接車輪螺帽套筒所構成，該傳動箱內設有不等齒數囓配的數組傳動齒輪，且靠近傳動箱內端壁傳動齒輪之軸芯皆伸出傳動箱，形成可選擇套接手轉柄或車輪螺帽套筒或互套接之傳動端。

另外從傳動箱殼外端面適當位置，垂接套圍車輪螺帽之抗扭轉套筒，使抗扭轉套筒能與車輪螺帽套筒平行伸出傳動箱一端，由而隨車換備胎替用時，能以傳動箱套接隨車千斤頂，以傳動箱內特定傳動向之加速機能，快速搖昇車底盤，且能握持傳動箱，以傳動箱內特定反傳動向之減速增扭機能，將車輪螺帽套筒套到欲更換輪胎上的輪胎螺帽，並同時以抗扭轉套筒卡套相對徑向另只車輪螺帽，進行足夠扭力的旋卸或鎖回，使行車途中自行頂車換胎的搶修工作達到更省力、省時的效益。

(二) 繪製圖形

1. 構想既出，隨即予以繪出外觀立體圖形，如圖 7-36 所示。

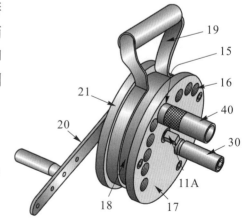

圖 7-36　將構想繪出

前圖一內之元件符號及其名稱簡單說明如下：

1	隨車換胎搖轉工具	20	手轉柄
10	傳動箱	20A	柄臂
11,12,13,14	傳動齒輪	20B	握柄
11A,12A,13A,14A	軸芯	20C,20D,20E	握柄螺接孔
15,16	螺鎖接孔	21	第二端蓋板
17	第一端蓋板	30	車輪螺帽套筒
18	環殼	40	抗扭轉套筒
19	活環提把	50,52	軸承

2.　其次，將內部分解圖繪出，如圖 7-37 所示。

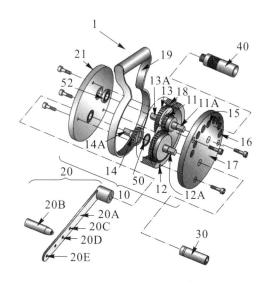

圖 7-37　隨車換胎搖轉工具分解圖

3. 並且，繪出結構剖視圖，如圖 7-38 所示。

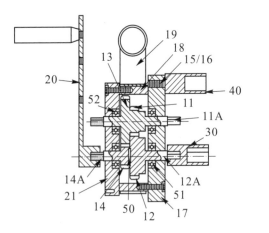 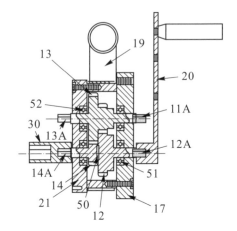

圖 7-38　隨車換胎搖轉工具剖視圖　　　　圖 7-39　搖轉工具反向套接結構剖視圖

4. 再予繪出搖轉工具之反向套接結構剖視圖，如圖 7-39 所示。

5. 本圖構想為以手搖轉即可操作隨車千斤頂頂升車體，如圖 7-40 所示。

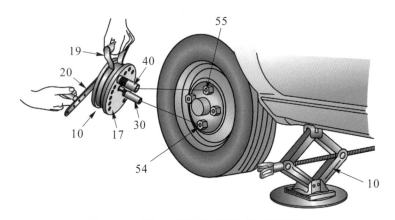

圖 7-40　以手搖轉即可操作隨車千斤頂

6. 本圖構想為以手搖轉即可操作工具拆卸車輪螺帽,如圖 7-41 所示。

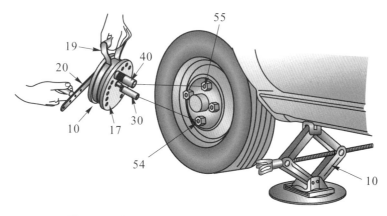

圖 7-41 以手搖轉即可操作工具拆卸車輪螺帽

7. 將以上圖示組合為定心軸式傳動箱,如圖 7-42 所示。

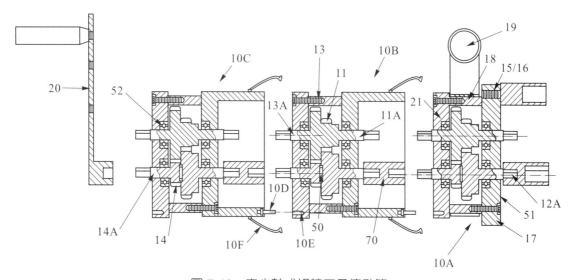

圖 7-42 定心軸式搖轉工具傳動箱

8. 由於定心軸式搖轉工具傳動箱傳動效率較低，依材料尺寸計算，其體積與重量比值較小，恐影響操作功能，於是轉而構想以周轉輪系之行星齒輪型式為主，如圖7-43所示。

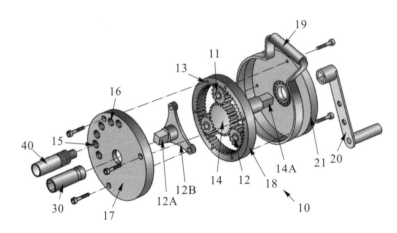

圖 7-43　周轉輪系之行星齒輪型式傳動箱

9. 為了使輸出傳動扭力增大，以符合不同車輪鋼圈螺帽扭力需要，將數組行星齒輪組合，如圖7-44所示。

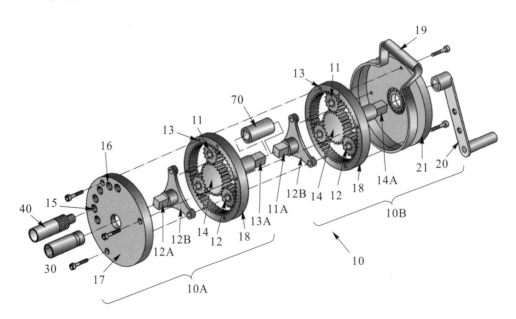

圖 7-44　數組行星齒輪組合之傳動箱

圖 7-44 之行星齒輪組合傳動箱內部主要元件符號說明如下：

1	隨車換胎搖轉工具	19	活環提把
10	傳動箱	20	手轉柄
10A	主箱	20A	柄臂
10B,10C	副箱	20B	握柄
10D	定位銷	20C,20D,20E	握柄螺接孔
10E	定位銷孔	21	第二端蓋板
10F	彈簧扣夾	30	車輪螺帽套筒
10G	螺桿	40	抗扭轉套筒
10H	蝶形螺帽	50,51,52	軸承
11,12,13,14	傳動齒輪	53	接桿
11A,12A,13A,14A	傳動齒輪軸芯	54	車輪螺帽
12B	行星齒輪支架	55	車輪螺帽
15,16	螺鎖接孔	60	隨車千斤頂
17	第一端蓋板	70	雙頭套筒
18	環殼		

(三) 原型實作

將第一個構想做成原型(參考前圖 7-36)，經實驗與實作後發現以下缺點：

1. 輸出之傳動扭力不足以旋鬆設定之車輪螺帽。
2. 足以旋鬆設定之車輪螺帽扭力時，則其總重量與體積超過設定之操作標準。
3. 未能完全符合人體工學原則，降低實用性。
4. 美觀度不夠，隨車收納不理想，方便性不足。

發現缺點後，經再構思與評估，改以前圖 7-44 之行星齒輪組合傳動箱型式製作原型，其外觀如圖 7-45 所示。

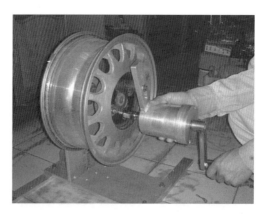

圖 7-45　行星齒輪傳動箱型式之隨車換胎搖轉工具原型

　　此一行星齒輪傳動箱型式之隨車換胎搖轉工具，再經不同車輪型式測試，確認已達商品化標準，如圖 7-46(a)、(b)、(c)之實車操作所示。

圖 7-46　(a)拆卸 8 點鐘位置螺帽

圖 7-46　(b)拆卸 11 點鐘位置螺帽

圖 7-46　(c)拆卸 5 點鐘位置螺帽(續)

　　為了實驗本創作專利之創意與創新點子，能夠符合女性駕駛人亦能自行更換故障拋錨的車輛輪胎，於原型製作後，協請一女性駕駛朋友實際操作車胎螺帽卸除及頂車工作，如圖 7-47(a)、(b)之實車操作所示。

圖 7-47(a)女性駕駛者亦能輕鬆拆裝車輪螺帽　　(b)女性駕駛者亦能輕鬆頂高車體以利更換車輪

(四) 得獎敘述

1. 本專利創作實品，無需車用電源或其它外界能源，憑藉改變傳動箱內部機件巧妙的增減速傳動朝向，就能達到增加扭力或增加轉速，讓使用者行車途中，能夠愉快地自我施力頂車換胎做好搶修工作，而獲得更省力、省時的效益。

2. 克服目前車輛輪胎因防鬆脫而過扭力旋緊，導致駕駛人無法拆鬆螺帽問題。

3. 因無需車用電源或其它外界能源，而免去耗用車用電源後之電力補充問題，節省車輛引擎帶轉發電機之油耗。

4. 此隨車換胎搖轉工具可收納於工具盒內，易保管存用且不佔車室空間。

(五) 本專利獲獎特色

1. 如前節所述，本隨車換胎搖轉工具創作，其特徵在於主要由傳動箱一傳動端套接手轉柄，另傳動端套接車輪螺帽套筒所構成，改變一般習用隨車換胎工具而具省力功效，具有技術進步性。

2. 該傳動箱內設有不等齒數嚙配的定心軸系或周轉輪系之數傳動齒輪，構成一傳動箱，可以手轉柄轉動車輪螺帽套筒，另從傳動箱殼外端面適當位置，垂接套圍車輪螺帽之抗扭轉套筒，使抗扭轉套筒能與車輪螺帽套筒平行伸出傳動箱一端，套到欲更換輪胎上的輪胎螺帽，並同時以抗扭轉套筒卡套相對徑向另只車輪螺帽，

進行足夠扭力的旋卸或鎖回操作而具新穎之創意性。

3. 於更換備胎時，能以傳動箱套接隨車千斤頂，以傳動箱內特定傳動向之加速機能，快速搖升車底盤，具有操作使用安全與理想特性。

4. 操作使用時，且能握持傳動箱，以傳動箱內特定反傳動向之減速增扭機能，將車輪螺帽套筒拆鬆或旋緊，具有商品開發價值性。

5. 依原型成品製作總成本計算，與功能價值比較，此產品於外銷歐美先進國家市場，尚具價格競爭性。

註： 本章內容主要以得獎創意點子與創新專利思維架構為敘述重點，比較前章以官文書敘述方式不同，亦與本專利之說明書有所差異，尚請讀者諒察。

問題與討論

1. 如果你是專利競賽評審委員，請你對隨車千斤頂的作品給予評語，並決定是否得獎，為什麼？

2. 速差煞車器之專利有何特色？是否發現其他特點之處？請予分析並評述。

3. 隨車換胎搖轉工具，因為何種理由得獎？請就此項專利案評析其特點。

4. 學習者請上經濟部網站，查詢近年我國「國家發明創作獎」之專利創作得獎評審標準，並就自己的觀點給予分析說明。

8

創意與創新專利商品
成功例

一、與專利研發成功前輩之創新發明經驗對談實錄

二、靈感創意轉化為量產專利商品成功案例

本章謹舉發明界前輩，同時亦為 2007 年德國紐倫堡國際發明展榮獲銀牌獎之中華民國代表團團員且現任宏璀股份有限公司董事長黃麗水先生個人寶貴發明創新經驗闡述與靈感創意成功轉化為量產專利商品之案例與讀者分享。

一、與專利研發成功前輩之創新發明經驗對談實錄

(一) 量產商品的創意靈感由來

本節內容由本書作者 (以下簡稱林)，以直接訪談提問，黃麗水先生 (以下簡稱黃)應答紀錄方式撰寫完成。

林：您的創意靈感是從哪裡來？

黃：我的靈感從古早養生壺而來，從前人要養生，要用藥草，煮的時候要用陶壺煮出來，現在的時代，第二次世界大戰以前是銅器時代，所用材料是銅，到第二次世界大戰以後是鋁器時代，所用的是鋁材料，鋁器所煮出來食物，對身體不好，改用鋁製的，到最近十幾年前才發現用鋁製品煮的東西長期吃會造成老人癡呆症。

所以，才改用不鏽鋼材質，不鏽鋼俗稱白鐵，而不鏽鋼材質如果不純，在烹煮的過程中會造成鋅，鋅就是古時候講的「砒霜」，所以，祖先是最聰明的，使用陶器，五千年未曾被淘汰，所以現在大家都是用陶瓷，陶瓷是釉，外表是玻璃，玻璃加工變釉，所以我發現使用玻璃當養生壺最好，但因為玻璃容易破，所以要研發一些極端耐熱玻璃，比較不容易破，所以不是玻璃直接加熱，而是間接慢慢的加熱，就是用溫火慢慢燉熱的，果汁果質才會出來，就會像古時候煉丹，要七七四十九天，現在利用金屬鐵片加熱，營養很快被熬煮出來。

林：您在什麼情況下有此靈感？

黃：就是知道有這個東西，就一直在想，這個玻璃要如何更容易達到遠紅外線效果，對我們身體關節痠痛治療有效，就是拿那個東西，來放大，所以是達到遠紅外線。

林：這個創意在您的腦海裡，開始是什麼構想，譬如您想要把您的創意實現，當時您有什麼構想？

黃：就是我一直去問，有沒有這種東西，從化學的、汽車的，各方面搜尋一些資料，結合起來，然後就做實驗，作一些實品，最先是做有線，後來改成無線，是這樣子改良來的。

林：您是如何改變成現在的？意思是您的靈感是如何變成現在的實品？這種成品的？

黃：就是中間錯綜複雜的很多，也是做了很多失敗的不良品，簡單說，書上也有很多理論，較秘密的是四立方化學，較少人去用，這是秘密，了解就好，表示您想得很深，就是找到幾個東西，才做成功。

(二) 商品化前的原型實品過程經驗

林：您是如何評估您的實品能夠商品化？

黃：我評估是中國人最愛吃補品保養，所以我才命名叫做養生壺，「養生」中國人最注重這個，市場一定會有。

林：憑您的經驗，有沒有做過市場調查？

黃：沒有，別人的要市場調查，我的商品沒有市場調查，您看我的旋轉桌，也沒有市場調查，我跟我朋友，講真的，如果能改善，一定很好，十個九個都這樣講，譬如說，大家圍著圓桌，一起吃飯，每個人都不好意思夾菜，假如您要夾菜，人家去幫您轉，您的筷子就拖者走，不然別人夾菜，您幫忙時，別人的筷子就拖著走，不然別人夾菜，您又夾菜時，一頓飯下來，就造成尷尬，又譬如吃火鍋時，很可惜，當時人家發明會轉的桌子，為了那條電線，造成不能轉，而我發明的桌子就沒有電線的困擾，主人不用照顧火鍋。

林：我也有這種經驗，有一條電線梗再那裡，桌子就無法轉了，這是比較早買的，我桃園朋友家，就是如此的情況，而黃大哥，您的產品，完全靠您的觀察去判斷，才有辦法商品化的。

黃：一般大公司、商家做市場調查，但我所開發的產品，在我的第六感，我的商品一定有市場，這是我的經驗。

林：這是自信，來自經驗，如果在這個商品化過程中，遇到困難，您如何解決？

黃：商品化過程中，遇到困難，產品沒有達到理想，其中挫折是很多的，像這張桌子，您為什麼不用聲控？叫它停就停，叫動就動？我說，您講這樣也是有理的，但這樣也不對，因為吃飯時，邊吃邊講，一下停一下動的，給人的感覺，好像那桌的人神經有問題，所以我想，這就是受環境的影響，互相干擾，所以不能用嘴巴講話。

(三) 如何將專利商品成功行銷

林：這幾年來商品化，您銷售出來，您個人感覺有很完美嗎？您假如感覺不完美，如何改善？

黃：我所銷售出去最滿意的，就是三樣，都不是新客戶，都是我的舊客戶，買到的都是讚賞我的商品，所以我一直有信心，有時在台北，我的商品跟別人不一樣，別人的商品要靠打廣告，我的商品品質如此好，如此好的寶貝，所以我不用打廣告，但是都是外面使用過的人幫我打廣告。

林：靠口碑做廣告，用口傳的。

黃：用傳的，就是口耳相傳的。

林：不曾做過廣告？

黃：養生壺不曾做過廣告，銷售多年，不曾做廣告，只是我有作一個網站，算不算廣告我不知道，廣告如給廣告公司做或是登報啦，都是沒有的，我是有一個網站。

林：那前面我跟您請教的養生壺部份或是旋轉餐桌，也都是照您說的，都是靠自己觀察經驗，按照剛才所說，如有人跟您反應商品缺點，您要怎麼改善？您就開始動腦筋？

黃：第一點，要開發前的出發點，是要先問別人曾經遇到這問題沒有？譬如我會問：「當您要夾菜，別人幫您轉桌子，別人在轉，您夾菜，「來，親家，夾菜」招呼時，現在別人又要夾菜，您正在轉桌子，您看到，說不好意思，到底我要等到什麼時候，而咱們前面擺的是魚脯子，而焢肉又放在對面，佳餚美食在眼前，最後，我是免吃了！！」，我這樣講給人家聽，大家都說，這樣有理，我的朋友說，能解決這種問題是很好的事。對不對？

現在人家常說，親家、親家母來到這裡，招呼親家母這道菜夾去配，其實，人家心理就想說，我就不喜歡吃，您偏叫我吃這個，這也是蠻困擾的，所以我就想到設定 30 秒，所有的菜，都在您的前面，就是 30 秒轉一圈，手伸出去都夾得到，所以說，就不用這樣一直叫「親家母ㄚ！多吃一些！」。還有，小姐上來，要上第二道菜，桌子一直轉，也不能上菜，所有人去摸(接觸)桌子，一下就會停止，小姐就能把菜放在桌上，現在桌子要它左轉、右轉，您只要搖轉它，要它往右就往右搖轉，所以這張桌子大家都很欣賞，縣長、縣議員買去，都說還要買，還叫我再組裝，我還有百張訂單，我沒時間組裝，我在這個方面，都是對要開發前，會去問別人這個不方便在那裡，針對缺點去開發產品，我不像大公司，要去市場調查，產品有沒有市場，我自己直接開發產品，要自信，對設計對生產都是自己來，自己販賣。

林：完全靠自己的力量來進行，也沒有請設計師，也沒有銷售人員？

黃：完全沒有，像這個瓶子，這種形狀，我也沒有請人設計，也有人講說，要加入美術設計，我都沒有，我都用木材去車(加工)，我家裡，車很多木材的瓶子來作模型，有時

雖然做起來會失敗，可是失敗也不一定是失敗，我手邊這一支是失敗的瓶子，但是市場說，這一支是藝術品，所以失敗也不一定是失敗。

林：**所以，我們的想法與消費者是不一樣的。**

黃：我們想的，去做起來，跟著問題來了，實品跟模子做出來的有差距，不合怎麼辦？想說，已經花了那麼多錢，捨不得丟棄，所以將錯就錯，另外再修改另一個標準的，但是標準的一出來的，人家說失效的那一支比較漂亮，實際現狀是，我跟您講失敗的地方，是容量設計上先製作 1300cc，但造型上，壺身有一個凹起來的地方，我就改做直的，並設計加大為 1600cc 型，可是大家都說有凹(弧)形的(1300cc 型)這支，是藝術壺，比較喜歡這一型。但因價錢(成本)計算不對，且容量反而比較小，因此，後來在生產 1600cc 型的同時再製作 1300cc 型，後來這一支反而比較好賣，大家都說這支比較漂亮。

林：**消費者心思咱抓不到，他們(消費者)的嗜好習慣在那裡？不知道？**

黃：是不一定，因為我們不是設計師，也不是行銷心理師。

林：**再來請教，您如何將旋轉桌以及養生壺經營得這麼好？您對產品經銷及市場的觀察體會那麼多年，您有什麼方法(撇步)？**

黃：我也沒什麼撇步，我個人認為這是沒人跟得上的技術，很實用的，我認為，我的產品不用則矣，一經使用，一定會跟我回報，結果反應回來，就是大家都說我在那裡看到您的產品而且有信用，我的產品一定要有公司地址和電話號碼，一般的經銷商對於地址和電話號碼印在商品上是不太能接受的，您看 SONY 或其他廠牌電器產品，絕對沒有地址和電話號碼，可是您看我的，是掛保證的。(這部分，近幾年可能因法令規定或經營觀念改變，這種負責保證的廠商應該會增多的。)

黃：這就是我的廣告，像有人問，阿您這東西哪裡買的？嘉義的人也去台北買回來，才知道說嘉義有賣，人才知道要來這裡買。

林：**要說「好加在」(台語)，有人跑到美國、瑞典，買台灣出口的東西，您更要跟他們說，您福氣啦，在台北買到嘉義出產的東西。**

黃：喔！那很多嘉義人去買回來後才知道。

林：**喔！這表示您有一個保證品質的商譽，對自己很有自信。**

黃：對！我敢自豪的說，沒有比這產品更好的產品了。

林：**阿！您自己也很有自信可以永續下去。**

黃：對！所以我這個養生壺名字叫「駭客(HAYKEH)」(商標)，駭客就是壞人，就是入侵

電腦，就是目前為止所有的電熱家電，都要用電熱絲、電熱片，我就是要侵入小家電這個領域，就是要與眾不同，所以叫做「駭客」。

林：這麼多年來，您的營業額提升多少？這個產品，例如旋轉桌，利潤多少，上游的利潤多少，可以透露嗎？

黃：我對產品有信心，不用花廣告費，所以我下手的利潤，起碼有 50%以上，所以我慢慢成長，我也不是很大的範圍，如果很多，也要做一間工廠起來，投資工廠、管理工廠，也是很費神，所以我都自己設計後再以 OEM(委外代工)方式生產。

林：這樣養生壺一年大概差不多生產幾支(組)？旋轉餐桌的銷量有多少？

黃：養生壺一年一萬支以上，旋轉餐桌早期的產銷量較大，因為國內市場漸漸飽足，如果到大陸推展，銷量將會增加很多。

林：這個養生壺產品，我的一位台北朋友在電腦網站上看到，就如您講的，所謂「那麼好用」，結果這位朋友向對方一口氣買四支回家，老丈人送他一支，另外送父母親一支，自己留用兩支，我跟他說，這壺就是我發明界朋友黃麗水前輩的發明品。他說，他跑到百貨公司逛街時有看到，結果他回家到網路上，又看到有人在賣這個壺，賣主說是自己的庫存品，都未用過，包裝都好好的，因此一口氣買下來。

黃：很多人跟我買，然後又拿去在網站上賣，但是有問題，我照常給他服務。

(四) 給本書讀者的經驗提示與分享

林：這就是您成功的所在。您願意以一位發明前輩的身分，將豐富經驗，對後學者，就是想要從事專利研發這方面的人，提供您的寶貴建議？

黃：我常在講，世間沒有發明，發明是比較好聽，您觀念上不能說「發明」，說發明是很困難的，後學要走這條路很簡單，不必講您發明，您是天才，您就是要用心去「發現」，發現不是發明，您講愛迪生發明電燈，那不是他發明的，大自然本來就有的，是您去發現他，您發現他，拿來利用看看對不對，譬如這條輪胎，本來沒輪胎，您發現輪胎，做出來，應用它。

林：本來有的，是您頭一個發現，不是無中生有。

黃：是發現不是發明。

林：對後輩的建議就是？

黃：對後輩說，不能說發明，觀念上不能說發明，發明很厲害，很複雜的。但發明一辭已成為常用口語且已約定成俗，已成為發現一辭的代用語

林：假如說創意或者創新可以嗎？

黃：創意創新這條路很難走。

林：創意是創作的意思？

黃：對，創作的意思，這條路是難走的，是用頭腦的，而發現不必用腦，您在吃飯的時候，發現餐桌不理想，這不難，接著想出不理想的東西，說給大家聽，大家都說，這假如能改善，也是好的，這樣，東西出來，才能商品化，您去創作出來，不一定是商品化。

林：照此看來，不一定按照理論走？

黃：您想想看，您走路會踢到石頭，您就把路弄平，讓人不會踢到，這就是做那您要創作什麼的構想，這就比較困難。如您要走發明這條路，您要當作發現。

林：那要培養這種發現的能力，您有什麼建議？

黃：最簡單方法，常去商店或商展參觀，聽他們講解，您看這產品，要用來做什麼？能將十樣的同一商品，您有辦法了解八、九項，自然就學會發現的能力。例如，商品架上掛一個東西，奇奇怪怪的，不知道做什麼用，這時候，您不要翻看產品使用說明書，假如您翻看了，啊？原來如此！就沒有學習發現的價值了，因此，那您就要去想，它可以用在什麼地方，您也可以想出來，這樣就是刺激和訓練您的頭腦，就是發現能力自我開發的一種方式，所以您無時無刻要想，例如，停到紅綠燈，您也可以想，有什麼不方便的地方。

林：所以說，這是您自己用心觀察請教問人的研究學習發現的方法之一？

黃：問人這個東西(產品)，有沒有方便，缺點在哪裡，我們講給人家聽，人家說，您這可以改善，由此我們就學習到缺點找尋的方法。

林：就如同中國人說「不恥下問」，並不是說問人家有很大恥辱。這也表示您很愛問人家了？

黃：例如，我會問說，有哪個地方不方便，像我這個電動旋轉餐(桌)盤，我也沒做市場調查，這我也不知道，但我知道，所有餐盤用酒精保溫時，會產生酒精害人，很多火災、爆炸、空氣差啦，大多因此而來，這樣講起來，我們心裡就有數，往這方面改進就是了，問十個人，十個都說對，我們這條路走來，就對了，所以我才會「發明」這種產品。

林：您跟人詢問以及不恥下問，算是一種印證？

黃：對。假如說有比較新的東西，那是我們比較慢，跟不上時代，譬如我的餐盤產品，拿

到專業飯店，跟他們解釋說明，他們也反應說，手推式旋轉眞的很麻煩，我們開發的電動旋轉餐桌眞的理想有效。

林：**您真的有一套，您對一個構想，是有什麼計劃讓他實現改善的？**

黃：就是多去問人、請教人，如果哪個地方來改善有效嗎？回話者如十有八九相同，就是我們要去或可以去發明創新的部份。

林：**現在有很多學校都在開設創意或創新課程給有興趣的或有心想學的學生選修，現在政府也編預算，去推廣我們的科技創新來改善並發展經濟，依照您的經驗，對政府和教育機關有什麼建議？**

黃：教學的事我比較沒有經驗，我的建議是，那些教授不要只針對書中理論傳授下一代，因爲那會被他(課本)所綁住，這樣就沒辦法進步了，譬如說，我是老師(教授)，將考100分的學生吸收過來加以培養，他們未來，也去做教授，同樣的，再吸收考試100分的學生給予栽培，傳授同樣經驗知識，學生吸收後，未來發展，他也當教授，一代傳一代，這恐怕對下一代的創意或創新教育發展相當不利，會阻礙或影響學生學習發現問題的能力。

林：**按照您這樣講，一代一代教下去，一定沒有辦法(進步)？學生每個考100分，表面上這樣算是進步，實質上卻是退步。例如，第一代100、第二代80、第三代只學到60……，如此傳承下去……，每個學生學歷那麼高，讀的東西(知識經驗)卻都沒了，是空的？**

黃：對，都沒有了。但是，我們企業主，生意人，沒有賺錢(利潤收益)不行，但要賺錢，就要去做沒人跟得上的產品，您開發出來才有辦法生存。

林：**您認為問題在教育制度？教授？如何改進？**

黃：生意人爲了生存，學生爲了文憑，都是有一個目的目標，但都要有眞本事，就是教育學生，要學到自己興趣的專業技術，哪一行業都可以(當然違法的除外)。不是一定要學會考試的，譬如說，學法律的就一定要取得律師資格，但不一定要考上法官、檢察官，或者是，大家都學教育，爲了考上教師資格當老師，如果這樣子，沒考上的人，不就是沒有頭路了？失業了？所以說，如果學生們眞正學到一種專業技術，是不會沒有頭路，失業的。教授們也要做到有生意人的不斷地創新研發創作的教學專業能力，這樣子，學生才能學到發現問題和創作發明的能力。如果制度上太過於保障，可能造成教授們失去創新研發能力，學生在理論知識學習上無法跟上，實務的專業技術最需要的發現問題及創新實作能力又沒學到，如此代代傳承教育，下一代已經沒有眞本事能力時，我們的社會國家經濟發展就受到限制了。

二、靈感創意轉化為量產專利商品成功案例

　　本節僅舉兩件構想創意轉成實品設計並申請專利後再予量產行銷國內外之商品成功例子。第一件為養生壺，如圖 8-1 所示。

圖 8-1　外形經由特別設計及使用具特殊材料加熱之茶壺
(資料來源：宏璉公司網站 http//www.haykeh.com.tw)

　　它以一種特有之材料，經由巧思發現，應用於加熱水體，以煮熟各種有機物質，外形設計成茶壺狀，以符合使用者習慣兼具產品安全堅固與美觀。

　　第二件為旋轉餐桌，如圖 8-2 所示。

圖 8-2　可用手觸控的旋轉餐桌
(資料來源：宏璉公司網站 http//www.haykeh.com.tw)

　　它以觸摸方式取代手擺(推)式圓桌，突破傳統多人固定座位合桌用餐夾食離座較遠之佳餚合菜時不便之處，尤以合桌火鍋餐食，使用瓦斯燃料或電氣加熱時，不必受限瓦斯管

或電氣線，解決常見手擺(推)式桌面因外物限制不能安全轉動的窘境與使用時用餐者產生的尷尬景象。

　　經營者同時也是創作人的黃麗水先生，為了對此二項專利商品達到完美，乃不斷地自我研究改良，因此每一項同時包含了數件或十數件關鍵創意與創新的智慧巧思與經驗技術專利，但礙於篇幅，無法逐案逐件地將其全部呈現，讀者如有興趣，可由本書提供之「參考資料」中循線找到。

　　以下選取此二項成功商品各四件重要結構組件的型式創新或式樣創意改良且申請獲得智慧財產權保護之公開專利案內容為例說明。

(一) 養生壺

1. **專利名稱：加熱電膜之製法**
   申請號： 091110467
   專利證書字號： 發明 178527

   (1) 摘要

   　　本發明係關於一種加熱電膜之製法，旨為避免電熱液於高溫環境下過度揮發，造成附著於基材上之電熱液品質不易掌控等種種缺失，其製作步驟依序有：基材清洗、基材急速冷卻、噴覆電熱液、常溫晾乾及高溫烘烤定型等主要步驟，經由上述製作步驟，即可於基材上形成附著均勻且低損耗之電熱膜；或亦可於基材依序進行上述常溫晾乾後另外再進行另一道半成品檢查之步驟，藉以降低產品不良率者。

   　　本發明係關於一種加熱電膜之製法，尤指一可有效避免電熱膜於被覆之過程中受高溫而揮發之嶄新設計者。按，由於陶瓷、玻璃等具有質感佳、重量輕以及易聚熱之功效，故廣受大眾青睞，近年來，乃有業者研發出可加熱之陶瓷(玻璃)壺，其主要係藉由壺體底面之電熱膜予以針對壺內之內容物加熱，藉以達到省電、加熱快速等功效，是以可知，電熱膜被覆之均勻度在陶瓷(玻璃)壺中乃佔有極重要之關鍵，影響到加熱分佈之情形，倘若電熱膜之加熱不均，將造成壺體於加熱之同時由電熱膜分佈處破裂，而眾多電熱膜之製作方式中，乃有一種如公告號第 238409 號「半導體電熱膜之製法」之專利前案，依其所揭之電熱膜製法主要係包括有下列步驟：原料調製、材料調合、基材清理以及高溫霧化成長等製作步驟，其主要係先將主要原料調製與

均勻調合形成電熱液後，再將基材送入高溫爐室內以噴霧之方式將電熱液被覆於已清洗過之基材表面上，藉由高溫將電熱液烘烤定型於基材上，藉以於基材表面上形成電熱膜。

(2) 詳細說明

詳觀該種製法雖可將電熱液以高溫烘烤之方式，於基材上形成固定形狀之電熱膜，然而，該種製作電熱膜之製作方法於實際製造上乃存有下列缺失，主要原因係歸納如下：

① 該種製作方法乃是在高溫之環境下噴覆電熱液，在高溫爐中其攝氏溫度將高達 400 至 500 度左右，無論是基材或是爐內皆處於高溫之狀態，故在噴覆電熱液之過程中，噴覆出之電熱液容易於噴出之同時受高溫影響而揮發了絕大部份，嚴重影響其成份及品質之穩定。

② 該電熱液最後需附著於基材表面上，由於基材受高溫烘烤亦處於一極高之溫度下，故於電熱液附著於基材時，將受到基材之高溫而形成第二次之揮發，致使原本預期附著之電熱液因揮發量之不同，而與原因預期之附著量不同，其品質難以掌控。

③ 電熱液係為一具毒性之化學物質，一旦遇熱蒸發散佈於空氣中時將隨風吹送，對於工作人員之健康有著極大之威脅。

④ 該種利用高溫處理之電熱膜製法，其電熱液之附著量難以控制，無法預知電熱液之揮發量，故附著於基材表面上之電熱液亦無法估算，品質極難以控制，容易提高產品不良率。

⑤ 電熱膜之附著厚度一旦不均勻時，容易於加熱時造成導電不平均而使基材產生破裂，使用上具有相當程度的危險性。有鑑於上述結構尚存有些許不足之處，本發明人立即思予研究改進之道，經多次試驗，終有本發明之產生。

而本發明之主要目的即在於提供一種加熱電膜之製法，旨為避免電熱膜於被覆之過程中受高溫而揮發，得以降低電熱液之損耗量，其製作步驟如下：

(a) 基材清洗：將基材表面上欲被覆電熱膜之處先行清洗處理乾淨、去除基材上之水份後，再送進低溫環境下進行下一道之步驟。

(b) 基材急速冷卻：將基材放進冷凍室內靜置數分鐘後，致使基材急速冷卻至攝氏零下 20 至 40 度左右。

(c) 噴覆電熱液：在冷凍室內均勻噴覆電熱液，由於電熱液與基材均處於低溫環境之下，可完整保存電熱液原有之分子結構，使電熱液得以全數著落於基材表面上。

(d) 常溫晾乾：均勻被覆有電熱液之基材被送出冷凍室外，以常溫解凍之方式由低溫逐漸昇溫到常溫之狀態，在此一階段可檢查基材上之電熱液是否完全附著後，再進行下一步驟。

(e) 高溫烘烤定型：將基材送入高溫爐室內以高溫烘烤，其烘烤溫度約高達 400 至 450 度左右，使電熱液完全附著於基材面上形成固定形狀之電熱膜，待成型後再送出高溫爐外以常溫自然冷卻，即可成為完整之成品；經由上述之製造步驟後，即可於基材上形成均勻之電熱膜，而基材可成型為任意形狀之陶瓷類絕緣物體，以供電熱膜通電加熱者。

為使鈞上深入了解本發明之主要技術內容，本發明人特予配合較佳之實施例圖詳說如下。如圖 8-3 所示，本發明主要係提供一種電熱膜之製作方法，而使電熱膜得以平均的黏著於陶瓷、玻璃等絕緣性材質，同時，並能避免電熱液附著時因高溫而產生揮發，有效而明顯的減低電熱液之損耗，其製作步驟如下：

(a) 基材清洗：將基材表面上欲被覆電熱膜之處先行清洗處理乾淨後，徹底去除基材表面上之水份後再進行下一道之步驟。

(b) 基材急速冷卻：將基材送進冷凍室內靜置 3 至 5 分鐘，致使基材急速冷卻至攝氏零下 20 至 40 度左右。

(c) 噴覆電熱液：在冷凍室內均勻噴覆電熱液，使電熱液得以全數著落於基材表面上，由於電熱液與基材均處於低溫環境之下，不易破壞電熱液內之成份，可完整保存電熱液原有之分子結構。

(d) 常溫晾乾：均勻被覆有電熱液之基材被送出冷凍室外，以常溫解凍之方式由低溫逐漸昇溫到常溫之狀態，致使電熱液中之水份蒸發後，得以完全附著於基材表面上。

(e) 半成品檢查：檢查基材是否存有不良品，例如電熱液之噴覆作業是否均勻、或是溫度是否回復常溫等等諸如此類之檢查作業後，如有上述不良品，則重回步驟(a)重新作業，若無則直接進行下一步驟，藉由此一檢查步驟，予以降低產品不良率。

(f) 高溫烘烤定型：將篩選過之良好基材半成品送入高溫爐室內以高達攝氏 400 至 450 度左右之高溫烘烤，使電熱液完全附著於基材面上形成電熱膜，待成型後再送出高溫爐外以常溫自然冷卻，即可成為完整之電熱膜成品；經由上述(a)至(f)之製作步驟，即可於基材上附著形成均勻之電熱膜；又，基材可為一般之陶瓷、玻璃或石英等絕緣性材料，而得予成型為各式形狀，如盤狀、壺狀或皿狀等，以供電熱膜附著其上而於通電時得以進行加熱者。

是以，本發明確實具有下列顯著之增進功效：

❶ 本發明在冷凍環境中實施噴覆電熱液，除了可免除電熱液受熱揮發，其液體分佈也可較為均勻，由於是處於低溫之狀態，所以並不會破壞電熱液中之成份，可完整保有電熱液之品質，其品質十分穩定、效果極佳。

❷ 本發明由於是在低溫環境中作業，沒有電熱液揮發之問題存在，故於實施作業時，根本就不會影響環境衛生或是危害人體健康。

❸ 本發明之電熱液噴覆由於不會有電熱液揮發之情形存在，故從噴覆到完成作業，根本不會損耗電熱液，十分節省電熱液。

❹ 本發明之電熱液於實施時之噴覆量一定，故電熱膜之被覆厚度一定，可預先估算使用量，俾以確實控制產品品質，降低不良率。

綜上所述，本發明所提供之加熱電膜之製法，其於低溫環境下製造成型，可令電熱液之成份穩定而均勻的被覆於基材上，實較以往電熱膜之成型方法效果更為顯著，誠已合乎發明相關要件，爰依法提出申請。

圖 8-3 係本發明之製程方塊圖。

(3) 申請專利範圍

① 一種加熱電膜之製法，其製作步驟如下：

(a)基材清洗

將基材表面上欲被覆電熱膜之處先行清洗處理乾淨，並去除基材上之水份後，再進行下一道之步驟。

(b) 基材急速冷卻

將基材放進冷凍室內靜置數分鐘後，致使基材急速冷卻至攝氏零下 20 至 40 度左右。

(c) 噴覆電熱液

在冷凍室內均勻噴覆電熱液，由於電熱液與基材均處於低溫環境之下，可完整保存電熱液原有之分子結構，使電熱液得以全數著落於基材表面上。

(d) 常溫晾乾

均勻被覆有電熱液之基材被送出冷凍室外，以常溫解凍之方式由低溫逐漸昇溫到常溫之狀態，使電熱液中之水份得以蒸發而附著於基材上。

(e) 高溫烘烤定型

將基材送入高溫爐室內以高溫烘烤，其烘烤溫度約高達 400 至 450 度左右，以令電熱液完全附著於基材面上形成電熱膜，待成型後再送出高溫爐外以常溫自然冷卻，即可成爲完整之電熱膜成品。

經由上述步驟，即可於基材上形成均勻之電熱膜者。

② 如申請專利範圍第 1 項所述之加熱電膜之製法，其中，基材進行常溫晾乾後亦可進行一道半成品檢查之步驟，藉以檢查基材是否存有不良品，降低產品不良率者。

③ 如申請專利範圍第 1 項或第 2 項所述之加熱電膜之製法，其中，該基材可爲陶瓷、玻璃或石英等絕緣性材料者。

圖式簡單說明：

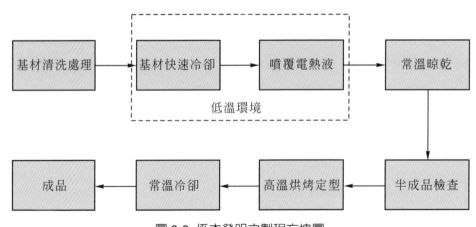

圖 8-3 係本發明之製程方塊圖

2. 專利名稱：電熱壺座體(一)

    申請號：092300542

    專利證書字號：新式樣 D102689

(1) 摘要

    ① 物品用途：

        本創作係為一種電熱壺座體(一)之外觀形狀設計，可供各種電熱壺固接於
        上，以供電熱壺導電加熱及方便握取之用。

    ② 創作特點：

        如下述(2)詳細說明。

(2) 詳細說明：

    如附圖 8-4 所示，本創作特點主要係設有一圓形中空之座體，其係可供玻璃
    製成之電熱壺固定於其中，該座體之外緣係設有一貫穿之插座孔，該座體於
    插座孔之對邊處則設有一火焰形之指示燈，而座體之底部嵌接固定有一底
    板，該底板上係設有呈放射狀排列之弧形散熱孔(如圖 8-5、8-6、8-7)，又該
    等散熱孔之相接處係分別設有三透孔，而該底板之外緣則環設有三弧形之嵌
    塊(如圖 8-8)，又底板於適當位置處係凸設有一斷電開關(如圖 8-9、8-10)，另
    座體於插座孔之頂緣係延伸設有一呈「C」形之把手，該把手前端係設有一
    螺接部(如圖 8-11)，如此搭配組合之下，整個外觀乃營造出一種頗具巧思新
    意之美感，整體之造形設計典雅細緻，充份展現出風格迥異之視覺美感，誠
    已合乎新式樣之申請要件，爰依法提出專利申請。

圖 8-4 係本創作立體圖

圖 8-5 係右側視圖

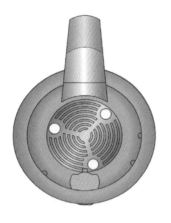

圖 8-6 係俯視圖

圖 8-7 係前視圖

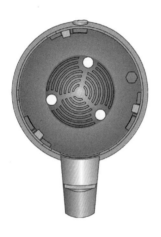

圖 8-8 係仰視圖

圖 8-9 係左側視圖

圖 8-10 係後視圖

圖 8-11 係實施狀態參考圖

(3) 申請專利範圍

依上述,主張之專利範圍如前述(2)之附圖 8-4 至圖 8-11 所示「電熱壺座體(一)」之新式樣。

圖式說明(同前述(2)詳細說明,從略)。

3. **專利名稱:電熱壺(一)**

申請號:092300544

專利證書字號:新式樣 D102691

(1) 摘要

① 物品用途:

本創作係關於一種電熱壺(一),尤指一式樣設計精緻大方之嶄新設計者

② 創作特點:

如下述(2)詳細說明,請參考圖 8-12 至圖 8-18 圖示。

(2) 詳細說明:

本創作之壺體係以一透明之方寬壺身於底部結合一非透明之底座,其壺身與底座之組合體具一圓形輪廓,而壺身上方係形成一開口較壺身寬度為小之縱直向縮頸部,縮頸部之上側復延伸成型一寬弧之壺口,壺口周緣係另外向下延伸小巧可愛之壺嘴,而壺口上則配合蓋設有一平直方正之壺蓋,其中,壺蓋周緣係設有平直方正之濾渣孔,適與壺嘴相互對應,俾以增加整體性;又,底座周緣係向上延伸成型方正之平滑把手,適於其頂端部利用束環束緊於壺身之縮頸部上,藉以彼此緊緊相扣,增加一穩固視感,且於把手底部隱置設具一平直方正之電源插座,藉以增加整體之精緻質感;此外,底座底面環周緣設有若干段弧形垣條,而於弧形垣條所區圍之內部面板上係設有若干段透空槽孔予圍繞出一同心圓,並於底座周緣側邊設有一狀似火焰之指示燈,整體之設計手法精緻巧妙,充份呈現出優雅高尚之設計風格。

綜上所述,本創作所提供之電熱壺(一),其式樣設計大方合宜,實有異於習見設計,誠已合乎新式樣相關要件,爰依法提出申請。

圖 8-12 係本創作立體圖

圖 8-13 係右側視圖

圖 8-14 係俯視圖

圖 8-15 係前視圖

圖 8-16 係仰視圖

圖 8-17 係左側視圖

圖 8-18　係後視圖

(3)　申請專利範圍

如附圖 8-12～8-18 所示「電熱壺(一)」之新式樣。

圖式說明(同前述(2)之詳細說明，從略)。

4.　**專利名稱：養生壺之斷電結構**

申請號：092203805

專利證書號：新型 227151

(1)　摘要

①　物品用途：

本創作係為一種養生壺之斷電結構，主要係由壺體、二導電片及底座所組合而成，其係在於壺體底部之加熱部上係設有高、低固定塊，其中該高固定塊上係設有斜面，而可供導電片呈傾斜狀固定於其上，又低固定塊上係設有平面，而可供導電片呈水平狀固定於其上，另該二導電片之前端均設有接點塊，藉由底座上之彈性壓桿壓迫高固定塊上之導電片，使其由傾斜狀態下呈圓周移動，而致水平狀態與另一導電片完全貼合接觸，以避免因接觸不良而發生危險者。

(a) 本案代表圖為：圖 8-19。

(b) 本案代表圖及詳細圖示之元件代表符號、名稱如後述。

②　創作特點：

本創作係有關於一種養生壺之斷電結構，特別是指藉由高固定塊上之導電片，可被彈性壓桿壓迫，而由傾斜狀態下呈圓周移動，而致水平狀態與另一導電片完全貼合接觸，以避免因接觸不良而發生危險者。

按，先前一般所使用之養生壺，均係以瓦斯爐作為加熱源，但是由於瓦斯

之使用危險性較高，因此現今皆改為使用插電加熱，而該養生壺之結構其主要係在於底部設有一加熱裝置，該加熱裝置係由半導體材料於適當處設置有外接電線之加熱片，藉由該加熱片外接之電線導通後，利用該半導體材料隨即產生阻抗而加熱者，以達到迅速便利之目的，然而由於使用該養生壺之結構，卻容易在加熱時因養生壺中之水燒乾，或者是因故傾倒而不自知，仍繼續加熱以致於發生危險，故需加設有一斷電裝置，該斷電裝置係如圖 8-19 所示，其主要係於壺體(A1)之底部內緣設有二水平相對而呈［ ］型之導電片(A2)，並於壺體(A1)之底部設有一彈性壓桿(A3)，當壺體(A1)之內部裝滿水後重量增加，則向下壓迫桌面，使彈性壓桿(A3)向上推頂，而壓迫二導電片(A2)呈接觸導通之狀態，則可通電開始加熱，如當壺體(A1)內之開水沸騰後，仍未將其斷電，而持續燒到水將乾時，由於水量減少重量變輕，故彈性壓桿(A3)藉由彈力回復之作用向下彈伸，而不再壓迫二導電片(A2)，則二導電片(A2)跳開後又形成斷電之狀態，故可防止壺體(A1)內之開水燒盡而發生危險，同樣也可防止壺體(A1)因故傾倒而持續通電之危險，然此等結構卻由於該二導電片(A2)係為金屬製成，而具有一定之彈性，故當彈性壓桿(A3)推頂時，如圖 8-20 所示，則該二導電片(A2)受壓後由水平位置分別向上呈圓周移動，該二導電片(A2)則會分別向上翹起而接觸於一交點，該交點係形成一點接觸之型態，由於該點接觸之接觸面較小，故容易形成接觸不良，而會產生跳電發出火花，甚或造成過熱發生危險，或者是接觸不完全而無法導電，以致失去作用，又長時間使用後，導電片(A2)易產生銅垢，因而阻斷通電，再加上導電片具有金屬疲乏之特性，則容易損壞故障，因此在使用上並不夠安全。

爰此，本創作人有鑑於習知之養生壺結構具有上述種種之缺失，因此乃潛心加以研究，並經多次試作及改良，遂得以首創出本創作。

(2) 詳細說明

本創作之目的係在提供一種導電片可以完全貼合接觸，以避免因接觸不良而發生危險，並且設有白金材質所製成之接點塊，可防止因高溫熔化而失去斷電作用，以提高安全性的養生壺之斷電結構。

其結構特徵係在於：該加熱部上係設有高、低固定塊，其中該高固定塊上係設有斜面，又低固定塊上係設有平面，而可分別供導電片固定於其上，又該

導電片之前端係設有接點塊。

有關本創作為達上述目的及功效，所採用之技術手段，茲舉一較佳實施例，並配合圖式所示，詳述如下：

首先，請參閱圖 8-21、圖 8-22 所示，本創作主要係包括有壺體(1)、二導電片(2)及底座(3)，其中：壺體(1)，其底部係設有一加熱部(11)，該加熱部(11)上係設有一高固定塊(12)，該高固定塊(12)係設有一斜面(13)，該斜面(13)上則設有一螺孔(14)，又高固定塊(12)之對邊則設有一低固定塊(15)，該低固定塊(15)係設有一平面(16)，該平面(16)上係相同設有一螺孔(17)，又該等螺孔(14)、(17)內係可供螺接元件(18)穿設螺接，另壺體(1)之加熱部(11)係設有二供加熱通電之電源線(19)；二導電片(2)，係分別供螺接固定於高、低固定塊(12)、(15)上，該二導電片(2)之末端係設有開孔(21)，而前端則設有白金材質製成之接點塊(22)；底座(3)，係供固接於壺體(1)之底部，該底座(3)上係設有一彈性壓桿(31)。組合時，如圖 8-22 所示，係將該二導電片(2)藉由螺接元件(18)，將電源線(19)螺接固定於該二高、低固定塊(12)、(15)之螺孔(14)、(17)內，而使其中位於高固定塊(12)上之導電片(2)成傾斜狀態，而位於低固定塊(15)上之導電片則成水平狀態，又二導電片(2)之接點塊(22)則成相對狀態，然後再將底座(3)固定於壺體(1)底部，同時使其彈性壓桿(31)與導電片(2)之二接點塊(22)成相對之狀態。

使用時，當壺體(1)內未裝水而置放於桌面時，則彈性壓桿(31)可撐抵於桌面上，但由於壺體(1)之重量尚不足於壓縮彈性桿(31)，故彈性壓桿(31)尚無法壓迫二導電片(2)接觸導通，但當壺體(1)內之水盛裝至一定容量時，如圖 8-23 所示，即可藉由壺體(1)內水之重量向下壓迫桌面，使彈性壓桿(31)之向上推頂，並壓迫二導電片(2)之接點塊(22)呈接觸導通之狀態，而由於該位於高固定塊(12)上之導電片(2)原係為傾斜狀態，當受到彈性壓桿(31)之壓迫後，則向上呈圓周移動而至水平位置與另一導電片(2)接觸，恰可使該二導電片(2)之二接點塊(22)呈完全水平貼合接觸，如此，該二導電片(2)通電後則可開始加熱，如當壺體(1)內之水沸騰後，仍未將其斷電，而持續燒到水將乾時，由於水量減少重量變輕，故彈性壓桿(31)可藉由彈力回復之作用向下彈伸，而不再壓迫二導電片(2)，則二導電片(2)跳開後又回復至定位，形成斷電之狀態，故可防止壺體(1)內之開水燒盡而發生危險，同樣可防止養壺(1)因故傾倒

而持續通電之危險。

又由於壺體(1)之導電片(2)係設有白金製成之接點塊(22)，故可承受通電時所產生之高溫，而不致於因高溫熔化而接觸不良及失去斷電作用，以避免發生危險，故可達到最佳之安全性。

故由以上說明可知，本創作實施例確實具有下列之優點：

1.本創作係利用壺體內水之重量，當其大於彈性壓桿之伸展力量時，則可壓迫彈性壓桿而使二導電片形成通電之狀態，一旦壺體內之水量減少到小於彈性壓桿之伸展力量時，則會藉由彈力回復而使導電片形成斷電狀態，故可防止壺體內之水燒盡或傾倒時，仍持續通電加熱，以確保使用上之安全性。

2.當彈性壓桿壓迫二導電片時，則位於高固定塊上之導電片係可由傾斜狀態向上呈圓周移動，而致水平狀態與另一導電片完全貼合接觸，則可避免因接觸不良而發生危險。

3.藉由二導電片上係設有白金製成之接點塊，而可防止導電片接觸通電時，因導電片所產生之高溫而熔化，使其失去斷電作用，因而發生危險，故可達到最佳之安全性。

綜上所述，本創作確實可以達到預期之使用目的及功效，且於同類產品中更未見有相同創作特徵公知、公用在先者，故本創作當能符合新型專利之申請要件，爰依法提出專利申請，懇請早日審結，並賜准專利。

詳細圖示代號說明：

1	壺體	17	螺孔
2	導電片	18	螺接元件
3	底座	19	電源線
11	加熱部	21	開孔
12	高固定塊	22	接點塊
13	斜面	31	彈性壓桿
14	螺孔	A1	壺體
15	低固定塊	A2	導電片
16	平面	A3	彈性壓桿

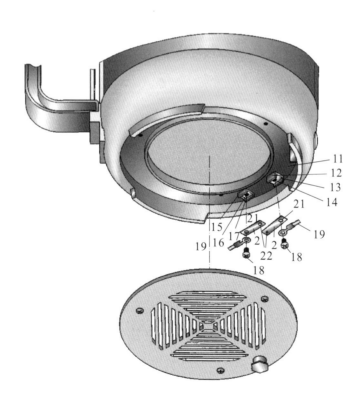

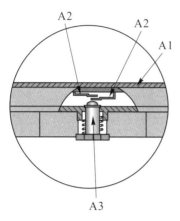

圖 8-19 係為習知結構之剖視圖

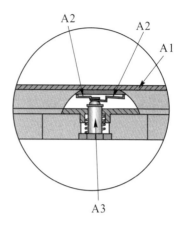

圖 8-20 係為習知結構之導電片接觸示意圖

圖 8-21 係為本創作之立體分解圖

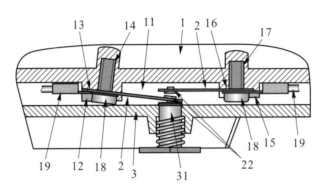

圖 8-22 係為本創作之組合剖視圖

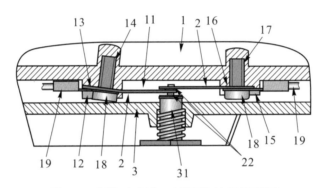

圖 8-23 係為本創作二導電片接觸示意圖

(3) 申請專利範圍

① 一種養生壺之斷電結構，至少包括有壺體、二導電片及底座，其中：壺體，其底部係設有加熱部，該加熱部上係設有固定塊，另養生壺之加熱部係設有供加熱通電之電源線；二導電片，係可供固定於固定塊上；底座，係供固接於壺體之底部，該底座上係設有彈性壓桿；其特徵係在於：該加熱部上係設有高、低固定塊，其中該高固定塊上係設有斜面，又低固定塊上係設有平面，而可分別供導電片固定於其上，又該導電片之前端係設有接點塊。

② 如申請專利範圍第 1 項所述之養生壺之斷電結構，其中該固定塊上係設有螺孔，並可供螺接元件穿設螺接，而該導電片之末端於相對應之位置處則設有開孔。

③ 如申請專利範圍第 1 項所述之養生壺之斷電結構，其中該接點塊係可為白金材質所製成。

圖式簡單說明：

圖 8-19 係為習知結構之剖視圖。

圖 8-20 係為習知結構之導電片接觸示意圖。

圖 8-21 係為本創作之立體分解圖。

圖 8-22 係為本創作之組合剖視圖。

圖 8-23 係為本創作二導電片接觸示意圖。

(二) 旋轉餐桌

1. **專利名稱：可轉動具電器插座之餐桌轉盤**

   申請號：079205952

   專利證書字號：新型 061637

   (1) 摘要

   一種可轉動具電器插座之餐桌轉盤，係一面板、一轉盤、一轉盤承座所構成，其主要特徵在於：轉盤承座具一絕緣樞座及延長電線捲回盤體，其中延長電線端部可伸入絕緣樞座內分別和三導電盤片接連，而三導電盤片間和外側均以絕緣體分隔；轉盤上可固設面板，而其延伸出面板外之一側可設有插座及開關，而插座之延伸電線端和轉盤中央絕緣樞座內之三導電盤片接連，且三導電盤片間及外側均以絕緣體分隔，此三導電盤片可各由彈性元件抵頂向下，並另於此三導電盤片之下側設為碳刷層；前述轉盤承座之三導電盤片及轉盤上之三導電盤片分別對應觸導，且在轉盤與轉盤承座相對樞轉時仍互相接觸導通者。

   (2) 詳細說明

   ① 一種可轉動具電器插座之餐桌轉盤，如圖 8-24 所示，係一面板 1、一轉盤和一轉盤承座所構成，其中，如圖 8-25 所示，轉盤上可固設面板，而轉盤與轉盤承座間以適當數量之鋼珠 4，令兩者可相對樞轉，其特徵如下：轉盤延伸出面板外可設有插座 21 及開關，而插座之電線伸入轉盤中央內和其內之一絕緣樞座內之三導電盤片 311、313、315 分別連接；絕緣樞座外圍為一絕緣體，向內則依次為一導電盤片，另一絕緣體、另一導電盤片，再一絕緣體及再一導電盤片；其中前述三導電盤片之上側抵設彈性元件，該彈性元件可抵頂導電盤片向下，而導電盤片之下側可為一碳刷層 312、

314、316；轉盤承座亦對應前述轉盤之絕緣樞座，而於其中央處亦設一絕緣樞座，該絕緣樞座亦為外圍為一絕緣體，自外向內為一導電盤片、另一絕緣體、另一導體盤片，再一絕緣體及再一導電盤片，且三導電盤片分別和前述轉盤之三導電盤片分別抵觸，並在轉盤與轉盤承座相對樞轉時，仍相互抵觸，如圖 8-26、8-27 所示。

② 如申請專利範圍第 1 項所述之可轉動具電器插座之餐桌轉盤，其轉盤承座於絕緣樞座外設一捲回盤體以樞捲延長電線，該延長之線末端分別伸入絕緣樞座內和二導電盤片固連，延長電線另端之插頭則可拉出插接於室內電源插座者，如圖 8-28 所示。

圖式簡單說明：

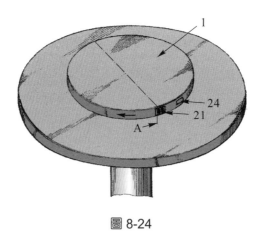

圖 8-24

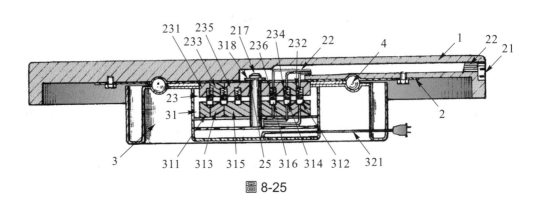

圖 8-25

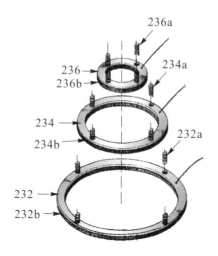

圖 8-26

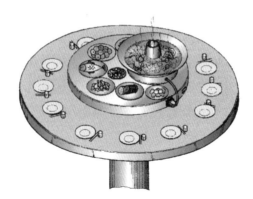

圖 8-27

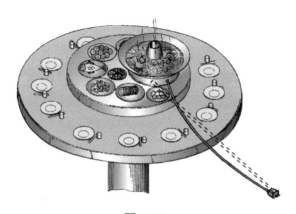

圖 8-28

(3) 申請專利範圍

依上述，主張之專利範圍如前述(2)之圖 8-24、圖 8-25、圖 8-26、圖 8-27、圖 8-28。

圖式說明(同前述(2)詳細說明，從略)。

2. **專利名稱：可轉動具瓦斯管之圓桌**

   申請號：081200659(相類同案：具瓦斯裝置之旋轉餐桌新型第 M075783 號)

   專利證書號：新型 075783

   (1) 摘要

   一種可轉動具瓦斯管之圓桌，如圖 8-29 所示，係由喇叭口套管、固定套座、反ㄕ型瓦斯管、旋轉桌、圓桌所構成，其主要特徵在於：

   一體成型中空之喇叭口套管，如圖 8-30 所示，其下端固設瓦斯接管以利固結圈銜接瓦斯管，而於喇叭口套管上方之適當處設有三個卡掣凸點 14，在該套管一側設一螺絲孔 13，再將喇叭口套管穿置於一內徑固設三個卡掣凹槽之固定套座內，使喇叭口套管之卡掣凸點嵌合固定套座之卡掣凹槽以防止旋轉，而固定套座則固設於圓桌之中央圓孔內，如圖 8-31，另將一端表面固設有三條 O 型環之反ㄕ型瓦斯管塞入套管上段內，使 O 型環與喇叭口套管緊密結合而防止漏氣，再利用螺絲旋入喇叭口套管一側之螺絲孔，以擋止反ㄕ型瓦斯管使不致脫出，而該瓦斯管之另一端則可銜接於旋轉桌上之瓦斯爐，如圖 8-32；藉之，當旋轉桌與圓桌利用樞轉鋼珠相對樞轉之同時，亦可帶動瓦斯管旋轉，且不致影響瓦斯之供出，並使其具操作簡單、方便之構造者。

   (2) 詳細說明

   一種可轉動具瓦斯管之圓桌，如圖 8-29，係由旋轉桌與圓桌間以適當之樞轉鋼珠，令兩者可相對樞轉，其組件包含一喇叭套管、一反ㄕ型瓦斯管、一固定套座；其中：一喇叭口套管，在套管之下方固設與套管一體成型之瓦斯接管，而利用固結圈與瓦斯管鎖固，另於套管上方之適量處設有適當數量之卡掣凸點，且於卡掣凸點下方，喇叭口套管一側，設一螺絲孔，以利螺絲旋入，如圖 8-30，一反ㄕ型瓦斯管，其下段表面設有適當數量之 O 型環，上端則銜接於旋轉桌上之瓦斯爐；一固定套座，為一環體，其環體內徑固設適當數量之凹槽；此結合構造，乃由一喇叭口套管穿接於固定套座內，使喇叭口套管

之卡掣凸點嵌合固定套座內徑之卡掣凹槽，而固定套座則塞入圓桌之中央圓孔，另將一端固設Ｏ型環之反ㄕ型瓦斯管穿置於喇叭口套管內，如圖 8-31，而與喇叭口套管緊密結合，而該喇叭口套管一側之螺絲孔，則利用螺絲穿置其內，以擋止瓦斯管使不致脫出，而另一端則將其銜接於旋轉桌上，如圖 8-32 及圖 8-33 所示。

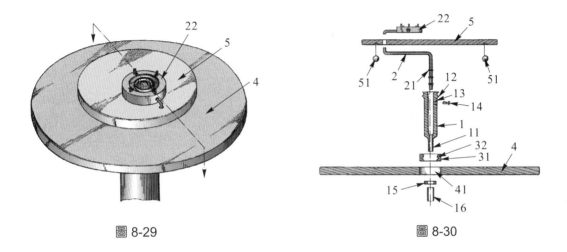

圖 8-29　　　　　　　　　　　　　　　　圖 8-30

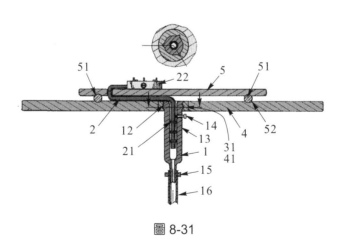

圖 8-31

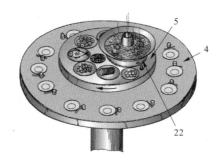

圖 8-32

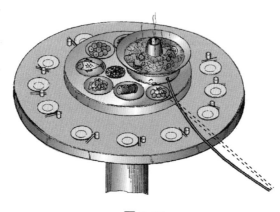

圖 8-33

(3) 申請專利範圍

依上述,主張之專利範圍如前述(2)詳細說明之圖 8-29、圖 8-30、圖 8-31、圖 8-32、圖 8-33。

圖式說明(同前述(2)詳細說明,從略)。

3. **專利名稱:轉盤之結構改良**

申請號:084207711

專利證書字號:新型 116208

(1) 摘要

本創作係一種轉盤之結構改良,如圖 8-34～8-37 所示,包含一轉盤、一運轉套環及一基座,其中,轉盤底面設一傳動組,該傳動組則外伸一拉桿以控制馬達與傳動輪之位移,運轉套環則分上、下外套環及內套環,上、下套環分別固設於轉盤底面及基座頂面,而內套環則與上、下外套環相套合,並於各

套環間設弧形凹槽以包覆適量滾珠，當傳動組之馬達、傳動輪抵及內套環時，則可帶動內套環、上外套環及轉盤同時轉動，當按住轉盤時，則因上外套環與內套環之摩擦力過大，而使馬達在不致空轉之情形下，只帶動內套環轉動，又，當拉動拉桿令傳動組脫離內套環時，則轉盤可由電動切換為手動；本創作之特色主要在於：在馬達保持正常運轉狀況下，可令轉盤暫停轉動，又不造成馬達空轉，可延長使用壽命，且同時具有易於切換之功效者。

(2) 詳細說明

① 一種轉盤之結構改良，包含一轉盤、一運轉套環及一基座，如圖 8-34，其特徵係在於：轉盤底面靠近盤緣處固設一傳動組，該傳動組以一拉桿嵌設於轉盤底面之凹槽而伸出於轉盤外；運轉套環包含上、下外套環及一內套環，上、下外套環分別固設於轉盤底面及基座頂面，且內環面分別成型一道環狀弧形凹槽，內套環於相對之外環面亦設二道環狀弧形凹槽，上、下外套環與內套環相套合，形成兩封閉狀溝槽以包覆滾珠；基座則為一平台；藉之，當傳動組抵及運轉套環之內套環之內環面時，則因內套環與上外套環間之摩擦力小於內套環與傳動組間之摩擦力，而可同時帶動內套環、上外套環及轉盤同時轉動，當施力於轉盤上使上外套環與內套環間之摩擦力大於內套環與傳動組間之摩擦力，可使轉盤暫停而僅由傳動組帶動內套環轉動；又，拉動拉桿使傳動組脫離內套環時，則轉盤可由電動切換為手動者。

② 如申請專利範圍第 1 項所述之轉盤之結構改良，如圖 8-35，其中，該傳動組包含一ㄇ形定位座、一滑移座、一定位桿及一拉桿，ㄇ形定位座內設一彈簧容置槽以容置彈簧，滑移座一端伸入ㄇ形定位座內，在朝向轉盤盤緣之一端成型一馬達座，置設一馬達及一傳動輪，令彈簧抵及馬達座，定位桿一端成凸輪狀而具 A、B 抵掣點，定位桿以凸輪端樞設於ㄇ形定位座朝轉盤中心之一端，定位桿之末端則樞設一連桿及拉桿，伸出於轉盤外者，如圖 8-36、8-37。

③ 如申請專利範圍第 1 項所述之轉盤之結構改良，其中，運轉套環之上、下外套環間留有一適當間隙，而內套環之頂、底面與轉盤底面、基座頂面間而各預留一間隙者。

④ 如申請專利範圍第 2 項所述之轉盤之結構改良，其中，令 B 抵掣點至定

位桿凸輪端樞接點之距離大於 A 抵掣點至樞接點之距離，以 A 抵掣點抵及ㄇ形定位座時，ㄇ形定位座內之彈簧推抵滑移座之馬達座，令馬達之傳動輪抵及內套環呈電動狀態，以 B 抵掣點抵及ㄇ形定位座時，則滑移座內移，令馬達座壓縮彈簧，且傳動輪脫離內套環而呈手動狀態者。

圖示簡單說明(如下)：

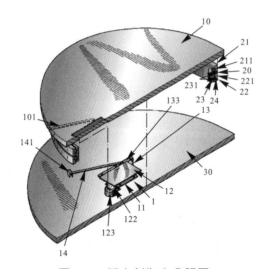

圖 8-34 係本創作之分解圖

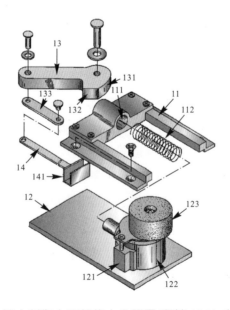

圖 8-35 係本創作之局部放大分解圖(翻轉 180° 之狀態)

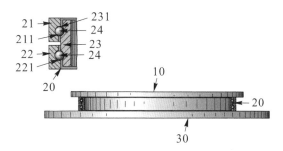

圖 8-36 係本創作之組合剖視圖

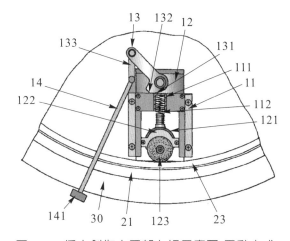

圖 8-37 係本創作之局部上視示意圖(電動方式)

(3) 申請專利範圍

依上述，主張之專利範圍如前述(2)之圖 8-34 本創作之分解圖、圖 8-35 本創
作之局部放大分解圖(翻轉 180° 之狀態)、圖 8-36 本創作之組合剖視圖、圖
8-37 本創作之局部上視示意圖(電動方式)。

圖式說明(同前述(2)詳細說明，從略)。

4. **專利名稱：具插座之轉盤與餐桌導電結構改良(四)**

申請號：084217788(相類同案：具插座之轉盤與與餐桌導電結構改良新型第
112730 號)

專利證書號：新型 275766

(1) 摘要

本創作係一種具插座之轉盤與餐桌導電結構改良，如圖 8-38 所示，乃於轉盤

底部設一盤座，盤座二側形成一環狀錐形凹槽，槽內錐斜面嵌設與插座連通之內凹正負導電銅片；而餐桌係於中央形成一具穿孔之階狀容槽，槽中容置一承座，承座並於底側設一支柱套結彈簧，令其支柱穿置穿孔及使彈簧抵於階狀容槽與承座間；又，該承座頂面係另形成一容室內置一活動導電座，導電座之外環周復設成隆凸恰與承座外環面構成一相對盤座錐形凹槽之錐形凸體，其錐斜面上並設具外接電源線之浮凸正負導電銅片，且於導電座底部適設若干桿柱套結彈簧抵接於承座相對形成之容孔，令導電座恆向上位移，如圖 8-39；藉以令轉盤可以盤座之錐形凹槽嵌置於餐桌中央承座與導電座構成之錐形凸體，使其錐斜面上導電銅片成一斜向密合狀態，且利用承座支柱與導電座桿柱上之彈簧可利於調整上下相對位置方便嵌合，以及提供一適當之頂抵力者，如圖 8-40。

(2) 詳細說明

① 一種具插座之轉盤與餐桌導電結構改良，如圖 8-38 所示，係包含有轉盤、餐桌、盤座、承座及導電座等構件，其中盤座搭接於承座與導電座組成之座體上而位於轉盤與餐桌之間，且轉盤與餐桌之相對面形成環溝內置鋼珠；其特徵乃在於：轉盤底部固設一絕緣之盤座，盤座底側形成一環狀錐形凹槽，槽內之二錐斜面上並各嵌設有正、負導電銅片，導電銅片與轉盤一側插座具有連通電路；而餐桌係於中央形成一階狀容槽，槽底設具一貫通穿孔，適於階狀容槽中設置一承座，該承座乃一絕緣體，其頂面係形成一容室容設一導電座，容室底部設有若干容孔，且令座體外環面設成一斜面，斜面上設具導電銅片，並於座體底部固接一支柱套結一彈簧以予穿置於上述餐桌之穿孔，及於支柱外露端設一固定板；另導電座係亦一絕緣體，其外環周乃形成一隆凸，隆凸之內環面設成一斜面，斜面上亦設有導電銅片，並使其置合於承座之容室恰與承座外環斜面構成一相對盤座錐形凹槽之錐形凸體，及令斜面上之導電銅片外接電源線，且導電座底部適設若干螺孔供套結彈簧穿置於承座容孔之桿柱螺接，如圖 8-39；藉之，可將轉盤以底部盤座之錐形凹槽嵌置於餐桌中央承座與導電座所構成之錐形凸(座)體，令其錐斜面上導電銅片相抵觸密合，且承座支柱與導電座桿柱上之彈簧令其具一向上位移之調整作用及頂抵力者，如圖 8-40。

② 如申請專利範圍第 1 項所述之具插座之轉盤與餐桌導電結構改良，其中該

盤座錐形凹槽內之導電銅片與承座及導電座斜面上之導電銅片係可設成相對之凹凸形態者。

圖示簡單說明(如後附圖)：

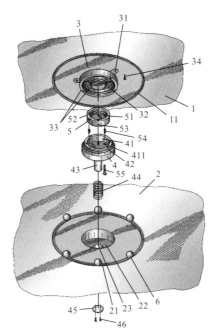

圖 8-38 係本創作之立體分解圖

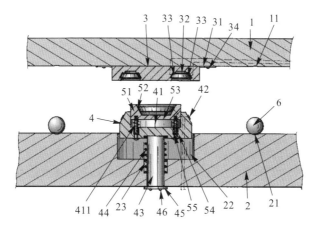

圖 8-39 係本創作之平面剖視圖

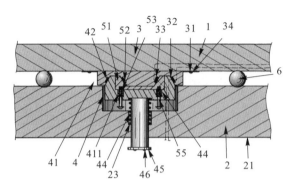

圖 8-40　係本創作之另一平面剖視圖

(3)　申請專利範圍

依上述，主張之專利範圍如前述(2)之圖 8-38 本創作之立體分解圖、圖 8-39 本創作之平面剖視圖、圖 8-40 本創作之另一平面剖視圖。

圖式說明(同前述(2)詳細說明，從略)。

前述兩項專利產品，讓經營產銷之宏瓏公司與創作個人黃麗水創辦人各在創意與創新點子開發的活動中賺進了財富，服務了人群，富有了國家財政，其貢獻實難以言喻。

本章藉由上述，證明在將腦袋創意點子變成實品原型，再轉變成量產商品歷程中，專利發明人可以學習到除了創意與創新點子開發，也能學到如何將創意點子變成實品原型的實務經驗，習得自己生產製造、加工組立、倉管行銷的產品生命週期歷程的寶貴經驗與知識成長歷練。

創意與創新專利商品之成功，總括作者自己有限經驗觀察心得，以作為本章結束：

1.　一種商品或一個產品，從無到有，從構想到包含專利的申請核准且完成一件實品，必須花將近數年或十數年時間，在這漫長時間同時必須不斷的求進步，把商品缺點不斷改進，最後才可能有一個為消費者認同的完美產品。

2.　其次，有關產品之企業責任，自己必須了解自己的商品，自我發現自己的產品缺點，予以改進，以使生產持續不斷，創造財富。

3.　一個專利新產品的誕生，例如：在養生壺的研發領域，首先注重內裏材質，其次為安全實用，再次為外觀造型美觀，如果使用的材質不穩定，甚或偷工減料，則必然被消費者唾棄。因此，「品質第一」是專利商品成功致富之要素。

4.　創意與創新，「只有空前，沒有絕後」，以本章所舉的經歷中，讀者當可學習到，一位從事知識與經驗整合之智慧活動者，或欲投入此領域作為職業生涯選擇之後

學者，需不斷自我突破、自我否定、自我質疑，同時又能夠建立自我肯定信心、建構正確思維並準確判斷於自己創生出之專利產品，即有可能因此智慧結晶而賺進財富。

註1： 本章內容爲黃麗水先生慷慨無私地願意與讀者分享、傳承自己數十年專利研發的實務經驗知識，乍看之下，少有艱深數理推導，也無充足實驗數據證明等之學術探討，但從談話的簡單道理，與本章舉隅成功案例內容中，讀者當可觀察與感受到其專業理論與技術實務深厚，思慮縝密，執行堅毅和對產品求眞善美態度及自我實現內在動力。

在發明專利創作領域最常聽到一句俗話：「愈簡單事物，其道理愈難」，這句話，讀者可以在前輩身上找到「智慧」的印證，值得仿效學習。

註2： 本章圖文依專利公報公開資料予以小幅修正，例如圖號之第一圖、第二圖、第三圖……等，皆相同於之前數章一樣依章節序編成，而改爲圖 8-1、圖 8-2、圖 8-3 圖……，同時章節段落以阿拉伯數字編排，以符應本書內容說明之開展而有利讀者閱讀思考。

註3： 本章例舉商品成功案例之專利，其證書影本請參閱附錄 B，未呈現部份，限於現有資料，無法列出，有興趣讀者可進一步上網查詢專利公報資料，網址爲：經濟部智慧財產局專利資料檢索網站—http://twpat.tipo.gov.tw/。

問題與討論

1. 專利作品商品化成功需要哪些條件呢？

2. 專利創作商品化前，需要先做市場行銷調查嗎？為什麼？

3. 專利作品商品化，可以讓創作者致富機會，可否說明其中道理？其需要條件為何？

4. 已取得專利商品可仿冒嗎？會發生甚麼後果？請舉一例分析敘述。

5. 專利法具有絕對排他性，因此成功的專利商品，享有一定期間獨佔專賣的專門行銷權利，如何保護它？維持它？

9

結　論

　　本書撰寫，自第一章的緒論開始，談及何謂創意與創新，給予一般型與特定型的定義，目的在闡述專利領域內的前輩，理論學者與實務專家先進，如何以有限知識與經驗，展現出創意產生與創新發明活動意義。

　　在創意產生與創新發明活動歷程中，必然有其動機與動力，筆者認為這就是人類最可貴的部份—思想(創意)，而思想中更高層部分—創新(發明)，兩者共營，即為「放諸四海而皆準」的人類生命延續與追求生活水準提升及兼顧其他所有物種生存權利之價值標準。

　　人類的智慧，包含許多能力，如上述，創意與創新活動能力為最特殊之處，此種能力，又包含觀察思考與邏輯推理反思證明並做成圖像文字符號等予以記錄、儲存、運用及累積，以應用在連串活動能力，此種歷程為第三章所敘述的自創意構想醞釀的方法與原則開始。

　　當創意生成，需要進一步實行將它實現，做成實品，並以較精確的方法實驗證明其可行性。

　　當在公平的經濟群體智慧能力展現活動中，出現有相同之創意實品時，則必須訂定符合公平正義合於理法的活動原則—智慧財產權法令規章，以保護例如「付出與報酬」的公平比例原則或者「先到者為王，後到者為臣」的時間順序之正義原則，或是「先發現者為師，後發現者為徒」的智慧尊重原則，以共同建構如我國專利法第一條之主旨「為鼓勵、保護、利用發明與創作，以促進產業發展，特制定本法」之公平競爭法則。

　　本書內容，主要著墨於創意點子與創新專利之構思與創作，以及原型實品量產成功致富案例。書中所舉專利案例不是曠世發明，但也應非雕蟲小技，得獎專利不代表唯一或唯二完美，未獲獎之專利案更不表示其沒有價值，中國俗語說：「江湖功夫一點訣」，台灣俗諺有云：「技術講破無蓬及(閩南語—不值錢)」，這些諺語的流傳，顯示出一些中華民族之無力與無奈，此乃因源於中國歷代以來重士農，輕工商之政治官僚制度，將商列為「奸」，把「工」定為「不出頭」，影響所及，把從事百工技藝平民百姓的創意，視為「低賤」(經濟價值)，把高雅之雕藝視為「雕蟲」，將類似創新的巧工事物或創意工藝視作「玩意兒」或「小技」，經過千年以上歷史，演變形成一種也以經濟價值，衡量人格或社經地位「低賤」的文化意識形態，衍生國人至今對智慧財產權藐視與輕忽的思維與習慣。

　　中華民族在經過了近百餘年來與各國列強重士農更重工商的政經社教文化體制發展競爭比較下，中國幾近亡國之境地，國人，尤其掌握政經權力的且忝列士級的讀書人，近半世紀來，雖才開始幡然省悟，而戮力經營「迎頭趕上」「超英趕美」政策，但「士代夫」觀念「萬般皆下品，唯有讀書高」的緩慢改變歷程中，顯然已經犧牲國家眾多資源與塗炭

了無以計數的天生聰穎機敏的生靈。

　　惟及早反思，猶未爲晚，中國人，尤其在台灣的中國人，除了勤奮儉約、聰明機靈、腦袋靈動，生命強韌的特質外，未來臺灣人的生活基礎，只賸創新與創意。

　　冀望在台灣所有參與社政、財經、軍教、文化等領域或產、官、學、研或公、私部門生存活動中人，皆能鼓勵家族子弟、學校師生、產業員工、政府公務人員等全體國人盡其創意，努力創新，方可圖存，才能致勝，此爲本書撰寫目的，也是作者的願望，期與國人共勉之。

A

本書參考資料

1. 經濟部智慧財產局，網址 http://www.tipo.gov.tw/。

2. 經濟部智慧財產局，中華民國專利法及其施行細則，民國九十年專利法，2008-03-25，(網址 http://www.tipo.gov.tw)。

3. 立法院，中華民國專利法於八十六年五月七日三讀通過立法公布，九十一年一月一日施行。

4. 經濟部智慧財產局依法執行中華民國著作權法及其施行細則(智財局 2009-01-16 網站更新資料)。
   中華民國 93 年專利法施行細則公布施行。
   中華民國 96 年 6 月 14 日修正第 87, 93 條增訂第 97 之 1 條。
   中華民國 96 年 7 月 11 日公布施行。

5. 經濟部智慧財產局(網址 http://www.tipo.gov.tw)，訂定中華民國專利審查基準八十三年十一月二十五日公告發明(新型、新式樣)、專利要件及說明書(圖說)之記載等章，至九十八年六月三日止，依法授權公布計二十項規定命令。(智慧局資料更新日期：2009-06-12)

6. 立法院，中華民國營業秘密法，中華民國八十五年一月十七日三讀通過立法，92 年 5 月 28 日修正公布，總統華總字第八五○○○○八七八○號令制定公布全文十六條。

7. 商標法 92 年 5 月 28 日修正公布，92 年 11 月 28 日施行。(智財局資料更新日期：2009-01-20)

8. 經濟部智慧財產局(網址 http://www.tipo.gov.tw)，中華民國商標法施行細則，96 年 9 月 3 日修正發布。(資料更新日期：2009-06-10)

9. 林保超，可攜式電力輔助隨車換胎工具組之研製與應用，龍華科技大學碩士論文，2005。

10. 林保超，自動煞止倒溜之車輛煞車系統，發明證書第 I 177972 號，經濟部智慧財產局專利公報，2003/05/11。

11. 林保超、黃嘉和，並用複制動迴路確保煞車之鼓式煞車系統，經濟部智慧財產局專利公報，發明證書第 I 250255 號，2006/03/01。

12. 林保超，制動增效式全氣壓煞車系統，新型證書第 217165 號，經濟部智慧財產局專利公報，2003/12/01。

13. 林保超、林華冠，具電力輔助之隨車換胎工具組，經濟部智慧財產局專利公報，

新型證書第 196887 號，2002/11/11。

14. 林保超、樊兆民，速差增強煞車輔助系統，經濟部智慧財產局專利公報，新型證書第 M299087 號，2002/10/21。

15. 林保超、林華冠，隨車換胎搖轉工具，經濟部智慧財產局專利公報，2006/10/11。

16. 陳正三、簡麗卿，瑞慶汽車行，實地作業圖，2007/07，中壢龍岡。

17. 黃麗水，加熱電膜之製法，發明證書第 I78527 號，經濟部智慧財產局專利資料檢索網站，民國 98 年 08 月(網址 http://twpat.tipo.gov.tw/)。

18. 黃麗水，電熱壺座體(一)，新式樣證書第 D102689 號，經濟部智慧財產局專利資料檢索網站，民國 98 年 08 月(網址 http://twpat.tipo.gov.tw/)。

19. 黃麗水，電熱壺(一)，新式樣證書第 D102691 號，經濟部智慧財產局專利資料檢索網站，民國 98 年 08 月(網址 http://twpat.tipo.gov.tw/)。

20. 黃麗水，養生壺之斷電結構，新型證書第 227151 號，經濟部智慧財產局專利資料檢索網站，民國 98 年 08 月(網址 http://twpat.tipo.gov.tw/)。

21. 黃麗水，可轉動具電器插座之餐桌轉盤，新型證書第 061637 號，經濟部智慧財產局專利資料檢索網站，民國 98 年 08 月(網址 http://twpat.tipo.gov.tw/)。

22. 黃麗水，可轉動具瓦斯管之圓桌，新型證書第 075783 號，經濟部智慧財產局專利資料檢索網站，民國 98 年 08 月(網址 http://twpat.tipo.gov.tw/)。

23. 黃麗水，轉盤之結構改良，新型證書第 116208 號，經濟部智慧財產局專利資料檢索網站，民國 98 年 08 月(網址 http://twpat.tipo.gov.tw/)。

24. 黃麗水，具插座之轉盤與餐桌導電結構改良，新型證書第 112730 號，經濟部智慧財產局專利資料檢索網站，民國 98 年 08 月(網址 http://twpat.tipo.gov.tw/)。

25. 黃麗水，具插座之轉盤與餐桌導電結構改良(四)，新型證書第 275766 號，經濟部智慧財產局專利資料檢索網站，民國 98 年 08 月(網址 http://twpat.tipo.gov.tw/)。

26. 經濟部智慧財產局專利 Q & A 網站 http://www.tipo.gov.tw/。

27. 經濟部智慧財產局，著作權法，98 年 5 月 13 日修正，2009-05-18 公布。

28. 賴文智、顏雅倫，第二講 專利、商標、著作權與營業秘密／益思科技法律出版品／維基文庫自由的圖書館 http://www.is-law.com/ourdocuments/book1000-3.pdf。

29. 章忠信，原廠藥好在那裡？談營業秘密與專利的關係 92.03.13.完成 93.03.02. service@copyrightnote.org，中華民國 95 年。維基文庫自由的圖書館 http://www.is-law.com/ourdocuments/book1000-3.pdf。

30. 全國法規資料庫，立法院三讀通過著作權法第 37、81、82 條文及第五章章名修正，九十九年二月十日總統華總一義字第 09900029991 號令公布施行及同一日以 09900030001 號令修正公布 53 條條文，網址：http://law.moj.gov.tw/。

B

創意與創新構想申請、
得獎與商品成功專利證書

一、本書例舉專利成功申請案例之證書影本

1. 創作名稱：並用複制動迴路確保煞車之鼓式煞車系統(發明證書第 I250255 號，如附 2-1-1 圖)。
2. 創作名稱：自動煞止倒溜之車輛煞車系統(發明證書第 I 177972 號，如附 2-1-2 圖)。
3. 創作名稱：制動增效式全氣壓煞車系統(新型證書第 217165 號，如附 2-1-3 圖)。
4. 創作名稱：具電力輔助之隨車換胎工具組(新型證書第 196887 號，如附 2-1-4 圖)。
5. 創作名稱：速差增強煞車輔助系統(新型證書第 196279 號，如附 2-1-5 圖)。
6. 創作名稱：隨車換胎搖轉工具(新型證書第 M299087 號，如附 2-1-6 圖)。

附 2-1-1

附 2-1-2

附 2-1-3

附 2-1-4

附 2-1-5   附 2-1-6

二、本書例舉專利得獎獎項

1. 隨車千斤頂—可隨地面坡度自動調整頂高中心的頂車工具(創作名稱：具電力輔助之隨車換胎工具組(2005 年德國 IENA 紐倫堡國際發明展銅牌獎／2007 年台灣國際發明展銅牌獎，如附 2-2-1(a)、(b)、(c)、(d)圖)。

2. 車輛差速器變成煞車輔助器(創作名稱：速差增強煞車輔助系統，2006 年德國紐倫堡國國際發明展金牌獎，如附 2-2-2(a)、(b)圖)。

3. 輕鬆更換拋錨車輛輪胎的隨車工具(創作名稱：隨車換胎搖轉工具，2007 年台灣國際發明展金牌獎／國家發明創作獎銀牌獎，如附 2-2-3(a)、(b)圖)。

附 2-2-1(a)   附 2-2-1(b)

附 2-2-1(c)

附 2-2-1(d)

附 2-2-2(a)

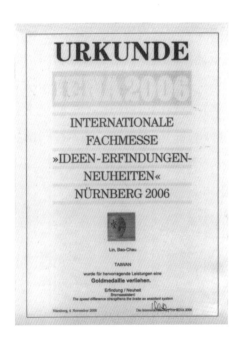

附 2-2-2(b)

附 2-2-3(a)　　　　　　　　　　　附 2-2-3(b)

三、本書例舉專利商品成功案例之專利證書

1. 創作名稱：加熱電膜之製法，發明證書第 I78527 號，如附 2-3-1 圖。

2. 創作名稱：黃麗水，電熱壺座體(一)(新式樣證書第 D102689 號，如附 2-3-2(a)圖；此項專利另有一創新改良而相關之創作名稱：電源插頭 新型證書第 088882 號，如附 2-3-2(b)圖)。

3. 創作名稱：黃麗水，電熱壺(一)(新式樣證書第 D102691 號，如附 2-3-3(a)圖)。此項專利另有四個創新改良而相關之創作名稱：電熱壺座體(二)新式證書第 D102690 號，如附 2-3-3(b)圖、新式樣證書第 D102692 號，如附 2-3-3(c)圖、新式樣證書第 D102693 號，如附 2-3-3(d)圖、新型證書第 171534 號如附 2-3-3(e)圖。

4. 創作名稱：黃麗水，具插座之轉盤與餐桌導電結構改良，新型證書第 112730 號，如附 2-3-4 圖。(與本書案例相類同之同一人專利證書)

5. 創作名稱：黃麗水，具瓦斯裝置之旋轉餐桌，新型證書第 140069 號，如附 2-3-5 圖。

附 2-3-1

附 2-3-2(a)

附 2-3-2(b)

附 2-3-3(a)

附 2-3-3(b)

附 2-3-3(c)

附 2-3-3(d)

附 2-3-3(e)

附 2-3-4

附 2-3-5

C

智慧財產權利保護
相關法規

一、專利法及其施行細則

  (一)專利法略述

  (二)專利法施行細則簡述

二、著作權法略述

三、商標法及其施行細則

  (一)商標法略述

  (二)商標法施行細則簡述

四、營業秘密法

五、發明創作獎助辦法

一、專利法及其施行細則

(一) 專利法略述

本法合計 138 條條文，分五章敘述：

第一章　　總則　自第 1 至第 20 條條文，定義政府主管機關權責、所有與專利權事項有關之人、事、物名辭意義限定、資格身份關係界定、權利義務項目範圍、申請程序、期日規定等。

第二章　　發明專利　自第 21 至第 103 條，以七節分述： (一)專利要件 (二)申請 (三)審查及再審查 (四)專利權 (五)強制授權 (六)納費 (七)損害賠償及訴訟等申請事、物名辭意義限定、權利義務項目範圍、申請程序要件、權益期日規定等條文規範發明專利之項目。

第三章　　新型專利　自第 104 至 120 條，敘述規範申請事、物名辭意義與舉發等限定範圍、權利義務項目、申請程序要件、權益期日規定等條文，規範新型專利之項目。

第四章　　設計專利　第 121 至 142 條，明定設計之定義與設計專利之申請範圍限制、更正、舉發、期限、主張權益及舉發事由及準用設計專利範圍。

第五章　　附則自第 143 至 159 條，包含外文種類、規費、延長專利期限、適用過渡規定、專利權存續法律準用規定，施行細則等訂定專利案件官文書保存期限及範圍整理儲存權責、獎助辦法、授權主管機關訂定發明創作獎助辦法、權益追溯期日規定等項目條文。 (詳細法條內容請上智慧財產局網站，網址： http://www.tipo.gov.tw/)

(二) 專利法施行細則簡述

本細則計五十七條條文，分五章敘述：

第一章　　總則第 1 至 13 條條文。

第二章　　專利申請及審查 分為發明、新型與新式樣二節，第 14 至 36 條文。

第三章　　專利權 第 37 至 53 條文。

第四章　　公開及公告 第 54 至 56 條文。

第五章　　附則第 57 條文，訂定細則施行日，修正條文自發布日施行。

　　　　　(詳細法條內容請上智慧財產局網站，網址： http://www.tipo.gov.tw/)

二、著作權法略述

本法自民國 17 年 5 月 14 日國民政府制定公佈，全文四十條，至 96 年 7 月 11 日止，期間迭經十三次條文增刪修訂，民國 98 年 5 月 13 日總統令增訂「第六章之一」章名及第九十條之四至九十條之十二條，並修正第三條條文；民國 99 年 2 月 10 日總統華總一義字第 09900029991 號令公布施行立法院三讀通過修正第 37、53、81、82 條文及第五章章名。民國 103 年 1 月 22 日總統令修正第五十三條、第六十五條、第八十條之二及第八十七條與第八十七條之一條文。全法計 117 條文。全文分八章敘述，明定主管機關權責與定義所有有關著作人、事、物項名辭意義限定、資格身份關係界定、權利責任義務罰則等規範。

第一章　　　總則第 1 至 4 條文

第二章　　　著作第 5 至 9 條文

第三章　　　著作人及著作權　　第 10 至 78 條文(38, 67, 68, 72 至 78 條文刪除)

第四章　　　製版權　第 79 及 80 條文

第四章之一　　權利管理電子資訊及防盜拷措施　　第 80-1, 80-2 條文

第五章　　　著作權集體管理團體與著作權審議及調解委員會　　第 81 至 83 條文

第六章　　　權利侵害之救濟　　第 84 至 90 之三條文以及第九十條之一至九十條之十二。

第六章之一　　網路服務提供者之民事免責事由　　第 90-4 至 90-12 條共九條文(如附件三)

第七章　　　罰則　第 91 至 104 條文(其中之 94, 97, 104 條文刪除)

第八章　　　附則　第 105 至 117 條(其中之 107, 108, 109, 114, 116 條文刪除)

(詳細法條內容請上智慧財產局網站，網址： http://www.tipo.gov.tw/)

三、商標法及其施行細則

(一) 商標法略述

本法於 104 年 7 月 13 日經濟部經智字第 10404603220 號令修正發布通過，於 92 年 5 月 28 日總統令修正公布，於同 (92)年 11 月 28 日施行。全法分為十章九十四條條文。

第一章　總則　第 1 至 16 條條文，明定負責主管機關，定義申請身分資格、期日限制與人、事、物或標的對象、權利義務等事項。

第二章　申請註冊　第 17 至 22 條文，明定商標註冊申請方式、人、事、物權利義務關係。

第三章　審查及核准　第 23 至 26 條文，規定商標註冊之准駁事項範圍。

第四章　商標權　第 27 至 39 條文，明定商標權利期間年限及存續期間之授權與被授權人、事、物等相關權利義務、權益責任範圍。

第五章　異議　第 40 至 49 條文，規定商標權利有不當違法者，任何人皆得提出異議及主管機關處理程序。

第六章　評定與廢止　第 50 至 60 條文，訂定有關商標權益人違反法令之評定、廢止、對象、程序與處理方式。

第七章　權利人侵害之救濟　第 61 至 71 條文，定義商標權利受害之範圍及其防止救濟處理程序方式。

第八章　証明標章、團體標章及團體商標　第 72 至 80 條文，訂定標章証明意義、目的、範圍、申請程序、權限及不當使用之廢止等。

第九章　罰則　第 81 至 83 條文，明定侵權之懲罰責任方式。

第十章　附則　第 84 至 94 條文，訂定制法後一定期日之權利事項。

(詳細法條內容請上智慧財產局網站，網址： http://www.tipo.gov.tw/)

(二) 商標法施行細則簡述

本細則自民國 19 年 12 月 30 日國民政府實業部發行，歷經經濟部十二次修正發布，至 96 年 9 月 3 日修正實施。

本細則依據商標法第九十三條規定訂定，目的於補充、解釋、擴延或限定、定義本法條文意義之明確性與周延性，全部條文計 41 條。

(詳細法條內容請上智慧財產局網站，網址： http://www.tipo.gov.tw/)

四、營業秘密法

中華民國 85 年 1 月 17 日總統華總字第 8500008780 號令制定公布全文十六條

第一條　為保障營業秘密，維護產業倫理與競爭秩序，調和社會公共利益，特制定本法。本法未規定者，適用其他法律之規定。

第二條　本法所稱營業秘密，係指方法、技術、製程、配方、程式、設計或其他可用於生產、銷售或經營之資訊，而符合左列要件者：

1. 非一般涉及該類資訊之人所知者。

2. 因其秘密性而具有實際或潛在之經濟價值者。

3. 所有人已採取合理之保密措施者。

第三條　受雇人於職務上研究或開發之營業秘密，歸雇用人所有。但契約另有約定者，從其約定。受雇人於非職務上研究或開發之營業秘密，歸受雇人所有。但其營業秘密係利用雇用人之資源或經驗者，雇用人得於支付合理報酬後，於該事業使用其營業秘密。

第四條　出資聘請他人從事研究或開發之營業秘密，其營業秘密之歸屬依契約之約定；契約未約定者，歸受聘人所有。但出資人得於業務上使用其營業秘密。

第五條　數人共同研究或開發之營業秘密，其應有部份依契約之約定；無約定者，推定為均等。

第六條　營業秘密得全部或部份讓與他人或與他人共有。營業秘密為共有時，對營業秘密之使用或處分，如契約未有約定者，應得共有人之全體同意。但各共有人無正當理由，不得拒絕同意。各共有人非經其他共有人之同意，不得以其應有部份讓與他人。但契約另有約定者，從其約定。

第七條　營業秘密所有人得授權他人使用其營業秘密。其授權使用之地域、時間、內容、使用方法或其他事項，依當事人之約定。

前項被授權人非經營業秘密所有人同意，不得將其被授權使用之營業秘密再授權第三人使用。營業秘密共有人非經共有人全體同意，不得授權他人使用該營業秘密。但各共有人無正當理由，不得拒絕同意。

第八條　營業秘密不得為質權及強制執行之標的。

第九條　公務員因承辦公務而知悉或持有他人之營業秘密者，不得使用或無故洩漏之。當事人、代理人、辯護人、鑑定人、證人及其他相關之人，因司法機關偵查或審理而知悉或持有他人營業秘密者，不得使用或無故洩漏之。仲裁人及其他相關之人處理仲裁事件，準用前項之規定。

第十條　　有下列情形之一者，為侵害營業秘密：

1. 以不正當方法取得營業秘密者。
2. 知悉或因重大過失而不知其為前款之營業秘密，而取得、使用或洩漏者。
3. 取得營業秘密後，知悉或因重大過失而不知其為第一款之營業秘密，而使用或洩漏者。
4. 因法律行為取得營業秘密，而以不正當方法使用或洩漏者。
5. 依法令有守營業秘密之義務，而使用或無故洩漏者。

前項所稱之不正當方法，係指竊盜、詐欺、脅迫、賄賂、擅自重製、違反保密義務、引誘他人違反其保密義務或其他類似之方法。

第十一條 營業秘密受侵害時，被害人得請求排除之，有侵害之虞者，得請求防止之。被害人為前項請求時，對於侵害行為作成之物或專供侵害所用之物，得請求銷燬或為其他必要之處置。

第十二條 因故意或過失不法侵害他人之營業秘密者，負損害賠償責任。數人共同不法侵害者，連帶負賠償責任。前項之損害賠償請求權，自請求權人知有行為及賠償義務人時起，二年間不行使而消滅；自行為時起，逾十年者亦同。

第十三條 依前條請求損害賠償時，被害人得依下列各款規定擇一請求：

1. 依民法第二百十六條之規定請求。但被害人不能證明其損害時，得以其使用時依通常情形可得預期之利益，減除被侵害後使用同一營業秘密所得利益之差額，為其所受損害。
2. 請求侵害人因侵害行為所得之利益。但侵害人不能證明其成本或必要費用時，以其侵害行為所得之全部收入，為其所得利益。

依前項規定，侵害行為如屬故意，法院得因被害人之請求，依侵害情節，酌定損害額以上之賠償。但不得超過已證明損害額之三倍。

第十四條 法院為審理營業秘密訴訟案件，得設立專業法庭或指定專人辦理。當事人提出之攻擊或防禦方法涉及營業秘密，經當事人聲請，法院認為適當者，得不公開審判或限制閱覽訴訟資料。

第十五條 外國人所屬之國家與中華民國如無相互保護營業秘密之條約或協定，或依其本國法令對中華民國國民之營業秘密不予保護者，其營業秘密得不予保護。

第十六條 本法自公布日施行。

五、發明創作獎助辦法

中華民國 92 年 12 月 17 日

經濟部經智字第 09203855430 號令修正發布，自 92 年 12 月 19 日施行。

中華民國 94 年 3 月 17 日

經智字第 09404601270 號令修正第一條、第六條及第七條，自 94 年 3 月 19 日施行。

中華民國 96 年 2 月 7 日

經智字第 09604600650 號令修正第五條。

中華民國 97 年 3 月 3 日

經智字第 09704600920 號令修正第六條、第十五條，自 3 月 5 日施行。

中華民國 98 年 2 月 17 日

經智字第 09804600760 號令修正發布第五條。

中華民國 101 年 2 月 13 日

經智字第 10104601150 號令修正發布第五條。

中華民國 101 年 12 月 26 日

經智字第 10104608210 號令修正發布全文 22 條，自 102 年 1 月 1 日施行。

中華民國 103 年 3 月 6 日

經智字第 10304601140 號令修正發布第三條、第五條、第六條、第七條、第九條、第二十一條、第二十二條，自 103 年 1 月 1 日施行。

中華民國 104 年 7 月 21 日

經智字第 10404603310 號令修正發布第二條、第七條、第八條、第十一條、第十五條、第十五條之一、第十六條之一、第二十二條，自 104 年 7 月 21 日施行。

第一條　　　本辦法依專利法(以下簡稱本法)第一百四十四條規定訂定之。

第二條　　　為鼓勵從事研究發明、新型或設計之創作者，專利專責機關得設國家發明創作獎予以獎助。

　　　　　　依前項規定獎助之對象，限於中華民國之自然人。

第三條　　　國家發明創作獎每二年得辦理評選一次。

第四條　本辦法發明、新型或設計之創作獎助事項，專利專責機關得以委任、委託或委辦法人、團體辦理。

第五條　國家發明創作獎分為發明獎及創作獎。各獎項均含金牌、銀牌，每件頒發獎狀、獎座及獎金。

第六條　參選發明獎或創作獎之獎助，以專利證書中所載之發明人、新型創作人或設計人為受領人。

數人共同完成之發明、新型或設計之創作，應共同受領各該項獎助。但當事人另有約定者，從其約定。

前項獎助之獎助金，共同受領人經通知限期協議定分配數額；屆期仍無法協議者，專利專責機關得依人數比例發給之。

依第二項規定共同受領獎狀者，每一發明人、新型創作人或設計人可受領一只；共同受領獎座者，所有發明人、新型創作人或設計人共同受領一座。但實際未持有該獎座者，得自行負擔費用，請求專利專責機關協助複製獎座。

第七條　參選發明獎者，以其發明在辦理評選年度之前六年度內，取得我國之發明專利權，且在報名截止日前仍為有效者為限。

參選創作獎者，以其新型或設計之創作在辦理評選年度之前六年度內，取得我國之新型專利權或設計專利權，且於報名截止仍為有效者為限。

曾參選發明獎或創作獎之發明、新型或設計之創作，得再行參選一次。但已獲獎者，不得再行參選。

第八條　參選發明獎或創作獎者，應由發明人、新型創作人或設計人填具報名表，並檢附參選發明、新型或設計之專利說明書、申請專利範圍、圖式、專利證書及參選人之身分證明文件。

參選創作獎之新型創作人，除前項文件外，應檢附新型專利技術報告。

參選者檢送之文件及資料不合規定者，限期補正；屆期未補正者，不予受理。

第九條　(刪除)

第十條　專利專責機關辦理國家發明創作獎之作業應公正、公開，不受任何組織或第三人之干涉。

第十一條　為辦理本辦法評選有關事項，專利專責機關得組成國家發明創作獎評選審議會(以下簡稱評選審議會)。

評選審議會置評選委員二十五人至四十人；其主任評選委員，由專利專責機關指派一人兼任之；其餘評選委員，由專利專責機關遴聘有關機關代表、專家、學者擔任。

評選委員為無給職；評選期間得依規定支給審查費、出席費、交通費。

評選委員會得依報名參選之標的類別，分設評選小組辦理。

評選作業及有關事項，由評選審議會決議後辦理。

第十二條　評選審議會會議由主任評選委員召集並為會議主席；主任評選委員因故不能出席時，由主任評選委員指定或評選委員互選一人為主席。

第十三條　評選審議會會議須有二分之一以上之評選委員出席，始得開會，並經出席評選委員二分之一以上同意，始得決議。

第十四條　評選審議會不對外行文；其決議事項經專利專責機關核定後，以專利專責機關名義為之。

第十五條　國家發明創作獎之評選程序，依下列規定辦理：

一、初選：評選審議會就參選之書面資料審查後，提名入圍複選名單。

二、複選：評選審議會得按實際需要就入圍複選名單，實地勘評或由參選者進行簡報說明後，進行複選評分。

三、決選：評選審議會依初選評分占百分之三十及複選評分占百分之七十計算總分，決選得獎者。

第十五條之一　參選發明獎或創作獎之發明、新型或設計之創作，其專利權人即為發明人、新型創作人或設計者，得由評選審議會於複選階段酌予加分。

前項加分標準由評選審議會決議之。

第十六條　國家發明創作獎之獎助，如參選之發明、新型或設計之創作，均未達該項獎助之評選基準時，得從缺之。

前項評選基準，由評選審議會決議爲之。

第十六條之一　參選國家發明創作獎者，得於接獲專利專責機關通知評選結果後三十日內申請複查。但以一次爲限。

申請複查，應由參選者填具申請書，載明欲複查之參選創作名稱及聯絡資料向專利專責機關提出。

第十七條　發明、新型或設計之創作在我國取得專利權後之四年內，參加著名國際發明展獲得金牌、銀牌或銅牌獎之獎項者，得檢附相關證明文件，向專利專責機關申請該參展品之運費、來回機票費用及其他相關經費之補助。

前項經費補助如下：

一、亞洲地區：以新臺幣二萬元爲限。

二、美洲地區：以新臺幣三萬元爲限。

三、歐洲地區：以新臺幣四萬元爲限。

同一人同時以二以上發明、新型或設計之創作參加同一著名國際發明展者，其補助依前項規定辦理；如該發明、新型或設計之創作曾獲專利專責機關補助，不得再於同一著名國際發明展申請補助。當年度同一著名國際發明展之申請補助項目曾獲其他單位補助者，僅能就實際支出金額超出該補助金額部分向專利專責機關申請補助。

第一項之著名國際發明展，由專利專責機關公告。

符合申請第一項之補助者，發明人、新型創作人或設計人應於參展當年度提出申請補助。申請補助款注意事項、申請表格式、應附文件及其他應遵行之事項，由專利專責機關定之。

第十八條　專利專責機關得辦理國家發明創作展。

第十九條　參選國家發明創作獎之得獎者，其專利權經撤銷，或所檢附之相關證明文件，有抄襲或虛僞不實之情事者，專利專責機關應撤銷其得獎資格，並追繳已領得之獎助。

第二十條　　　本辦法所定之獎助及補助，專利專責機關因預算編列，得予以適當之調整。

第二十一條　　國家發明創作獎之獎項數、獎金額度、參選須知、報名書表格式、應附文件及其他應遵行之事項，由專利專責機關定之。

第二十二條　　本辦法自中華民國一百零二年一月一日施行。

　　　　　　　本辦法中華民國一百零三年三月六日修正之條文，自一百零三年一月一日施行。

　　　　　　　本辦法中華民國一百零四年七月二十一日修正之條文，自一百零四年七月二十一日施行。

國家圖書館出版品預行編目資料

創意與創新－工程技術領域/ 林保超編著. --
　二版. -- 新北市：全華圖書.2017.02
　　面　；　公分
　ISBN 978-986-463-449-1(平裝)
　1. 專利 2. 智慧財產權 3. 工業技術
　4. 創意
440.6　　　　　　　　　　　106000511

創意與創新－工程技術領域

作者 / 林保超

發行人 / 陳本源

執行編輯 / 葉家豪

出版者 / 全華圖書股份有限公司

郵政帳號 / 0100836-1 號

印刷者 / 宏懋打字印刷股份有限公司

圖書編號 / 0610301

二版二刷 / 2018 年 12 月

定價 / 新台幣 300 元

ISBN / 978-986-463-449-1(平裝)

全華圖書 / www.chwa.com.tw

全華網路書店 Open Tech / www.opentech.com.tw

若您對書籍內容、排版印刷有任何問題，歡迎來信指導 book@chwa.com.tw

臺北總公司(北區營業處)
地址：23671 新北市土城區忠義路 21 號
電話：(02) 2262-5666
傳真：(02) 6637-3695、6637-3696

中區營業處
地址：40256 臺中市南區樹義一巷 26 號
電話：(04) 2261-8485
傳真：(04) 3600-9806

南區營業處
地址：80769 高雄市三民區應安街 12 號
電話：(07) 381-1377
傳真：(07) 862-5562

歡迎加入 全華會員

● 會員獨享

會員享購書折扣、紅利積點、生日禮金、不定期優惠活動⋯等。

● 如何加入會員

填妥讀者回函卡直接傳真 (02) 2262-0900 或寄回，將由專人協助登入會員資料，待收到
E-MAIL 通知後即可成為會員。

如何購買 全華書籍

1. 網路購書

全華網路書店「http://www.opentech.com.tw」，加入會員購書更便利，並享有紅利積點
回饋等各式優惠。

2. 全華門市、全省書局

歡迎至全華門市（新北市土城區忠義路 21 號）或全省各大書局、連鎖書店選購。

3. 來電訂購

(1) 訂購專線：(02) 2262-5666 轉 321-324
(2) 傳真專線：(02) 6637-3696
(3) 郵局劃撥（帳號：0100836-1　戶名：全華圖書股份有限公司）
※ 購書未滿一千元者，酌收運費 70 元。

OpenTech 全華網路書店 .com.tw

全華網路書店 www.opentech.com.tw
E-mail: service@chwa.com.tw

※ 本會員制如有變更則以最新修訂制度為準，造成不便請見諒。
